Lieselotte Pacher und Franz Nösterer

Lernhilfe Mathematik

3. Schulstufe

VERITAS-VERLAG LINZ

Inhalt

Die Zahlen von 1 bis 1 000

Die Hundertertafel

Start →

1	2	3	4					9	10
11	12			15			18		20
21		23			26			29	
	32					37			40
		43					48		
51			54					59	
				65					70
	72				76	77			
		83					88		
			94					99	100

Ziel

a) Schreibe alle fehlenden Zahlen in die Hundertertafel ein!

b) **Würfelspiel** für mindestens zwei Personen.
Material: 1 Würfel, 1 Spielkegel für jeden Mitspieler.
Alle Spielkegel stehen beim START. Es wird reihum gewürfelt. Jeder setzt seinen Spielkegel auf das Feld der Hundertertafel, das die Zahl seiner gewürfelten Augen aufzeigt. Beim nächsten Wurf muß die gewürfelte Zahl dazugezählt und der Kegel auf das Feld, das die Summe aufzeigt, gesetzt werden.
Die Rechnung sage laut!

5 + 3 = 8

Wer zuerst das Ziel erreicht, ist Sieger!

Zusatz:
Wer auf eine Zehnerzahl (10, 20, 30, . . .) kommt, darf 2 dazurechnen und sich auf die neue Zahl setzen.

Zehner und Einer

Das ist eine ZEHNERSTANGE oder kurz gesagt ein ZEHNER (Z).

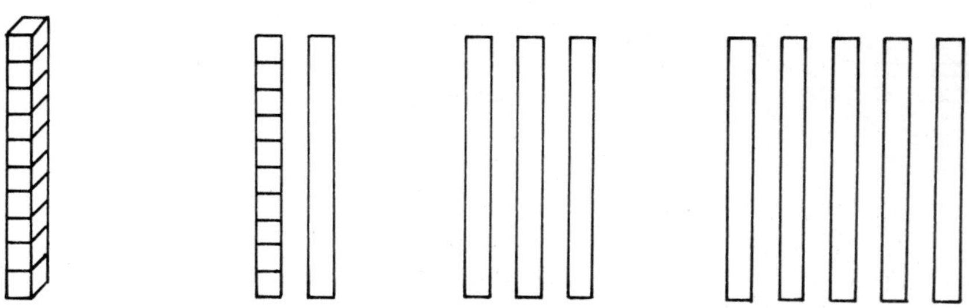

10 Einer = 1 Zehner
10 E = 1 Z

Ü 1

1 Z = 10 2 Z = 20 3 Z = 30 5 Z = ______ 8 Z = ______

30 = ______ Z 90 = ______ Z 60 = ______ Z 100 = ______ Z 40 = ______ Z

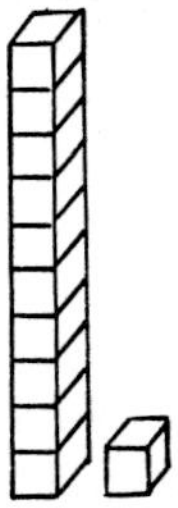

1 Z 1 E = 11

Aus 11 Würfeln kann man eine Zehnerstange bauen, ein einzelner Würfel (EINERWÜRFEL), kurz EINER (E), bleibt über.

Ü 2

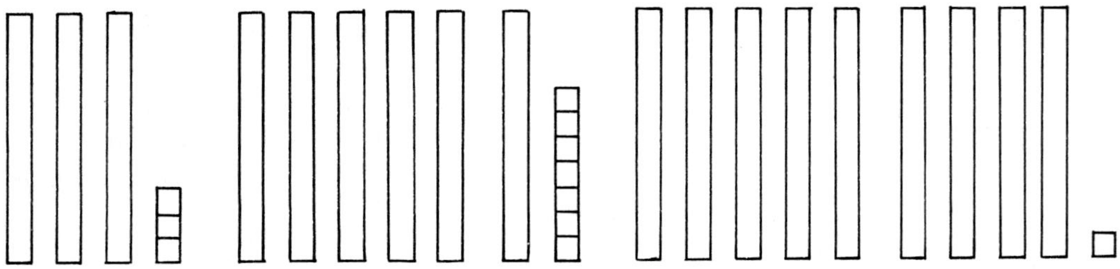

3 Z 3 E = 33 6 Z 7 E = ______ ______________ = ______

3 Z 9 E = ______ 4 Z 3 E = ______ 6 Z 8 E = ______ 9 Z 4 E = ______

23 = ____ Z ____ E 57 = ____ Z ____ E 88 = ____ Z ____ E 16 = ____ Z ____ E

Hunderterplatte und Tausenderblock

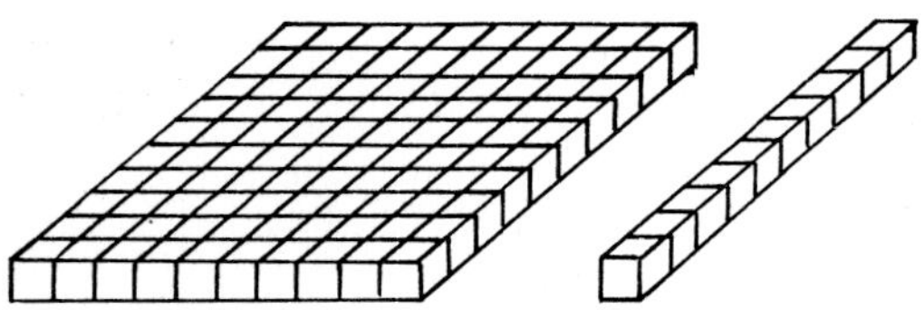

Aus 10 Zehnerstangen (Z) kann man 1 Hunderterplatte (H) legen.

1 H = 10 Z = 100 E

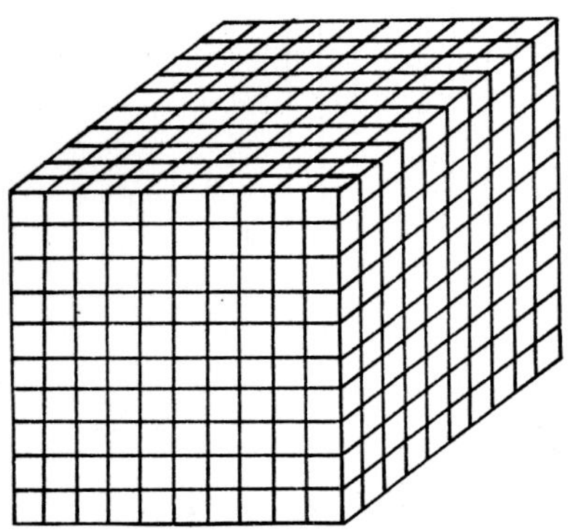

Aus 10 Hunderterplatten (H) kann man 1 Tausenderblock (T) aufbauen.

1 T = 10 H = 100 Z = 1 000 E

Ü 3

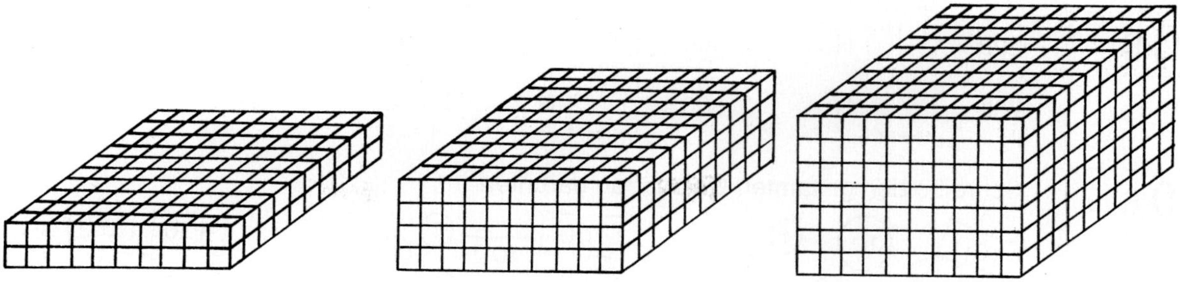

	Hunderterplatten (H)	H	H
das sind	Zehnerstangen (Z)	Z	Z
das sind	Einerwürfel (E)	E	E

Hunderter — Zehner — Einer

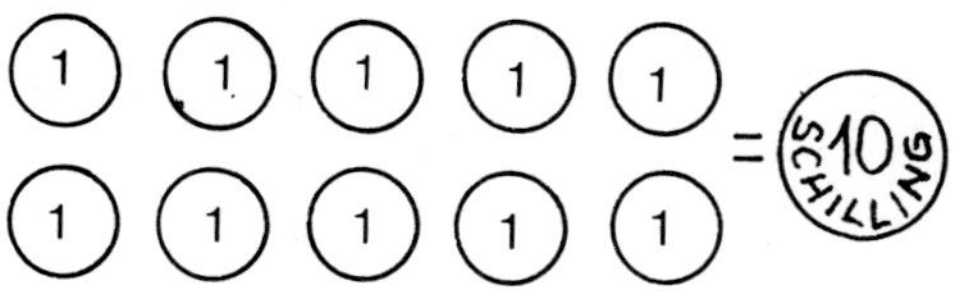

10 einzelne Schillinge sind 1 Zehner.

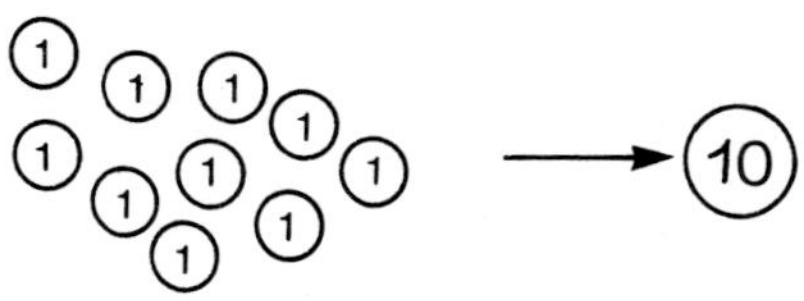

10 Einer = 1 Zehner
10 E = 1 Z

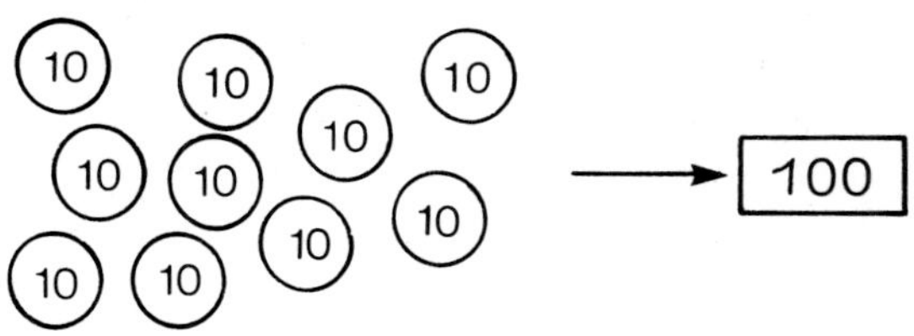

10 Zehner = 1 Hunderter
10 Z = 1 H

10 Hunderter = 1 Tausender
10 H = 1 T

Ü 4

1 H = 100	2 H = 200	3 H =	7 H =
9 H =	8 H =	5 H =	6 H =

Ü 5

200 = ☐ H 400 = ☐ H 500 = ☐ H 100 = ☐ H

700 = ☐ H 800 = ☐ H 1 000 = ☐ H 500 = ☐ H

Ü 6

Schreibe den gesamten Geldbetrag darunter!

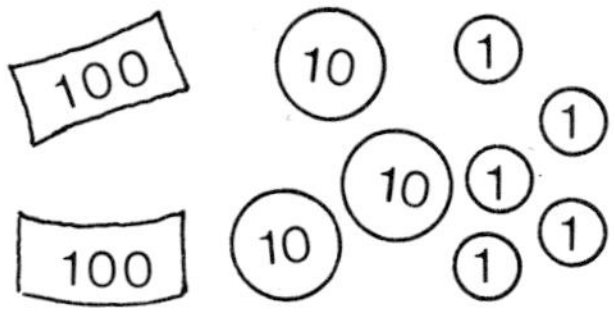

2 H 3 Z 5 E

235 S

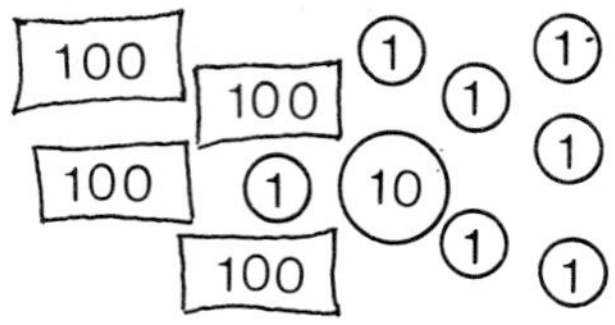

☐ H ☐ Z ☐ E

☐ S

☐ H ☐ Z ☐ E

☐ S

Ü 7

5 H 8 Z 1 E = 581 9 H 2 Z 5 E = ☐ 8 H 1 Z 4 E = ☐

4 H 7 Z = ☐ 3 Z 6 E = ☐ 3 H 6 Z 9 E = ☐

2 H 5 Z 8 E = ☐ 7 H 3 E = ☐ 1 H 4 Z 7 E = ☐

Ü 8

Zerlege folgende Zahlen im Heft:

So: 739 = 7H 3Z 9E

840, 628, 406, 284, 703, 698, 583, 410, 361, 840

Stellentafel

Ü 9

Lies aus der Stellentafel ab, wie die Zahlen heißen! Schreib sie auf!

10	1		
4	1	=	41
7	4	=	
3	7	=	
6	0	=	
9	3	=	

100	10	1		
1	8	6	=	
4	8	7	=	
2	0	4	=	
2	7	6	=	
5	0	9	=	

H	Z	E		
6	3	9	=	
7	5	0	=	
8	2	1	=	
5	7	4	=	
8	0	7	=	

Zeichne Stellentafeln in dein Übungsheft und trage folgende Zahlen ein!

Ü 10

71, 4, 30, 63, 96, 29, 52, 85, 18, 41

Ü 11

936, 528, 518, 417, 407, 47, 639, 629, 158, 740

Zahlenstrahl

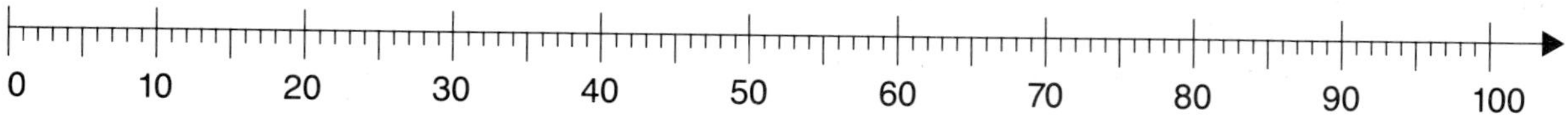

Zahlen lassen sich auf einer geraden Linie darstellen.
Schaue dir das Maßband aus Mutters Nähzeug an!
Suche Zahlen zwischen 1 und 100 auf dem Meßstreifen!

Ü 12

Schreibe die Zahlen in die Kästchen!

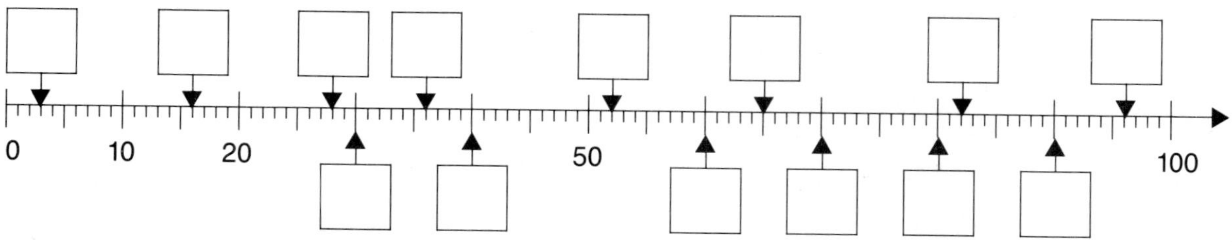

Ü 13

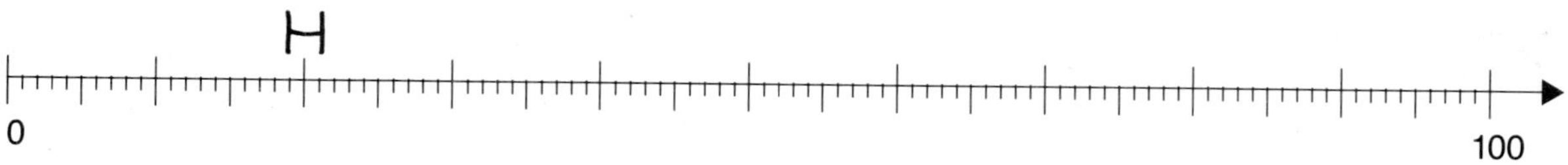

Zeichne zu den folgenden Zahlen einen Pfeil in den Zahlenstrahl und schreib den entsprechenden Buchstaben darüber! Es entsteht ein Wort.

20 = H	80 = H	45 = N	8 = Z	64 = R	23 = L
50 = S	15 = A	75 = A	31 = E	97 = L	56 = T

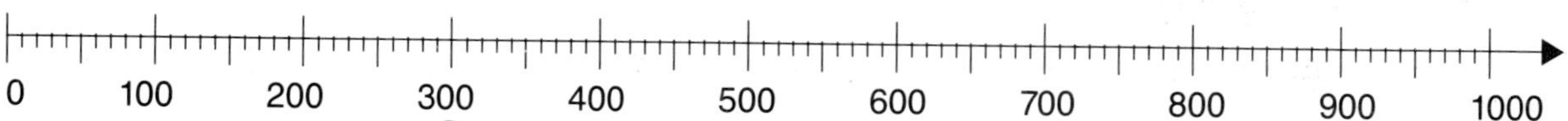

Ü 14

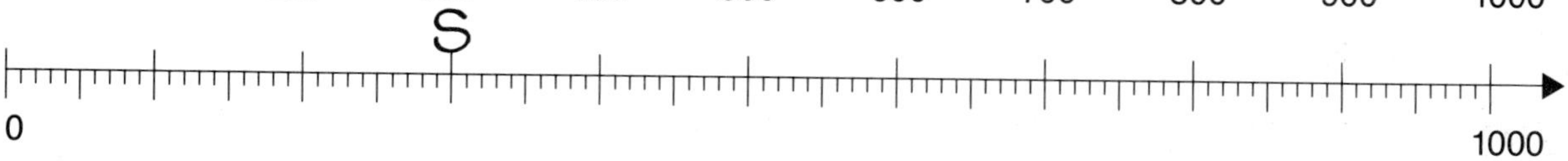

Zeichne zu den folgenden Zahlen einen Pfeil in den Zahlenstrahl und schreibe den entsprechenden Buchstaben dazu!

300 = S	900 = G	550 = I	190 = S	760 = T	340 = T
600 = C	250 = I	850 = I	420 = R	80 = E	690 = H

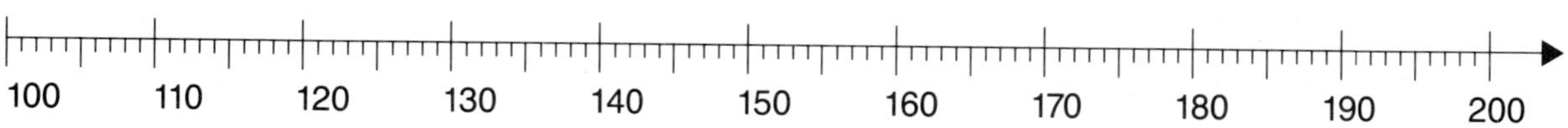

Das ist ein Hunderter aus dem Zahlenstrahl. So ist jeder Hunderter aufgebaut.

Ü 15

Schreibe die Zahlen in die Kästchen!

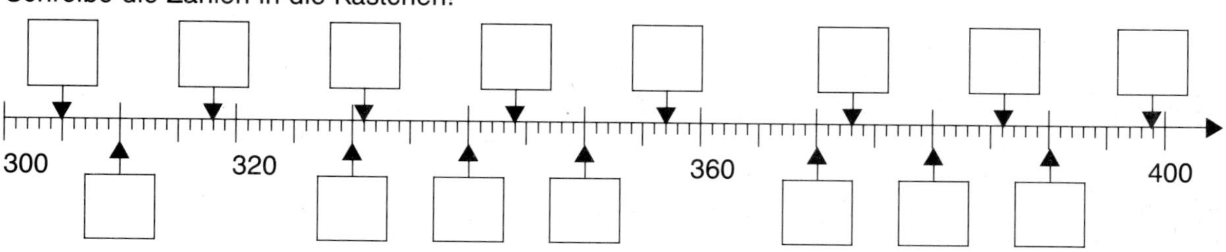

Ü 16

Zeichne ein!

540 = G   510 = E   555 = S   518 = N   567 = C   501 = G   596 = T
570 = H   525 = A   535 = U   588 = U   584 = A   542 = E

Zahlennachbarn

Jede Zahl hat in der Zahlentafel oder auf dem Zahlenstrahl 2 Nachbarn, einen VORGÄNGER und einen NACHFOLGER.

vor ←   → nach

37	**38**	39

Vorgänger   Nachfolger

Der Vorgänger von 38 ist 37.
Der Nachfolger von 38 ist 39.

Ü 17 Wie heißen die Nachbarn?

	45	
	67	
	78	

	89	
	23	
	15	

	90	
	56	
	34	

Ü 18 Wie heißen die **Hunderter**nachbarn? Schau auf dem Zahlenstrahl nach!

100	200	300
	900	

	400	
	100	

	700	
	600	

Ü 19 Wie heißen die **Zehner**nachbarn?

830	840	850
	470	

	920	
	580	

	350	
	690	

Ü 20 Wie heißen die **Einer**nachbarn?

	369	
	447	
269		
		592

	936	
	599	
		347
612		

	601	
	158	
		458
	714	

Zahlen ordnen

Ü 21

Ordne von der kleinsten bis zur größten Zahl!
Schreibe die geordneten Zahlen auf! Hake ab!

82, 15, 48, 71, 4, 37, 70, 93, 26

Ü 22

Beginne nun mit der größten Zahl!

58, 84, 17, 40, 73, 6, 39, 62, 95

Ü 23

Beginne mit der kleinsten Zahl!

922, 558, 814, 477, 103, 360, 336, 699, 241

Ü 24

Beginne mit der größten Zahl!

366, 998, 255, 825, 588, 211, 247, 881, 477

Zahlen als Zahlwörter

Ü 25

Schreibe in Ziffern auf!

neunhundertvierzig =

fünfhundertachtzig =

zweihundert =

neunundvierzig =

fünfundachtzig =

einhundertsiebenunddreißig =

achthundertneunzehn =

vierhundertzweiundsiebzig =

Zahlen vergleichen

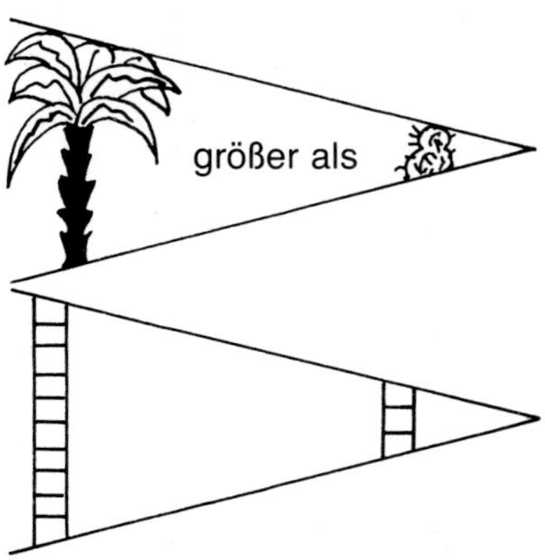

10 ist größer als 3
10 > 3

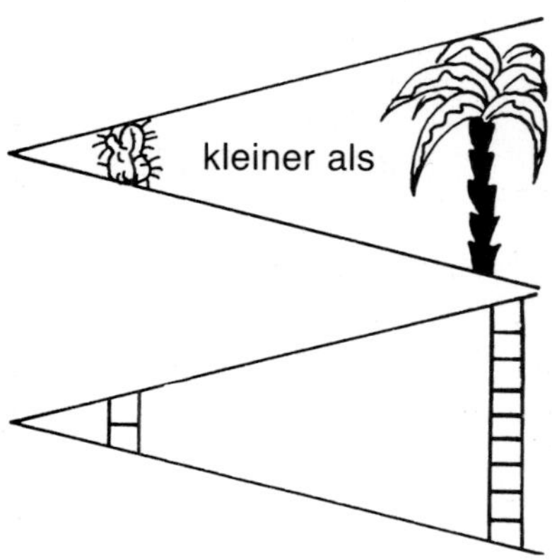

2 ist kleiner als 9
2 < 9

Ü 26 Vergleiche die beiden Zahlen! Setze das richtige Zeichen!

30		70	18		81	43		48
80		50	36		63	11		10
100		90	97		79	62		71

Ü 27

400		800	290		920	542		593
900		600	470		740	222		212
1 000		900	180		810	738		824
200		500	630		360	957		955

Ü 28 Vergleiche! Setze < oder > ein!

380		163	684		710	568		891
331		306	592		179	952		215
912		608	724		504	38		361
154		491	274		795	821		157

Das Doppelte

Doppeln von zweistelligen Zahlen.

Markus und Thomas sind Zwillinge. Die Eltern kaufen ein.

Ü 29 Sie brauchen das **Doppelte** wie für ein Kind,
sie zahlen das **Doppelte** wie für ein Kind.

Ü 30

1 Kind	2 Kinder (das DOPPELTE)		Preis für 1 Kind	Preis für 2 Kinder (das DOPPELTE)	
2 Bastelbögen		Bastelbögen	40 S		S
5 Buntstifte		Buntstifte	25 S		S
6 Filzstifte		Filzstifte	31 S		S
8 Bleistifte		Bleistifte	26 S		S
12 Löschblätter		Löschblätter	18 S		S

So geht es leichter!

Das Doppelte von 36

Das Doppelte von 30 ist 60 | Das Doppelte von 6 ist 12

60 + 12 = 72

Das Doppelte von 36 ist 72.

Ü 31

Verdopple auf die gleiche Art. Schreibe das Doppelte jedes inneren Blütenblattes in das äußere Blütenblatt!

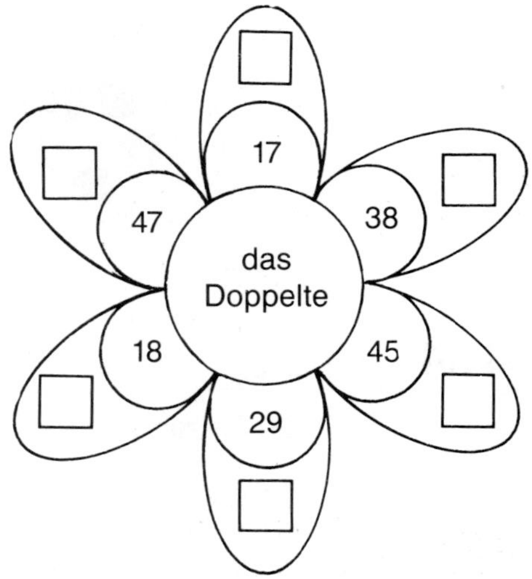

Ü 32

	28	46	50	37	25	48	16	35	19	27
das Doppelte										

Doppeln von dreistelligen Zahlen

So geht es leichter!

Das Doppelte von 296

Das Doppelte von 200 ist 400

Das Doppelte von 90 ist 180

Das Doppelte von 6 ist 12

400 + 180 + 12 = 592

Das Doppelte vom 296 ist 592.

Ü 33

	400	330	250	190	415	321	217	146	357	288
das Doppelte										

Die Hälfte

Halbieren von zweistelligen Zahlen.

Markus und Thomas bekommen 10 Glaskugeln. Sie teilen, jeder bekommt die Hälfte.

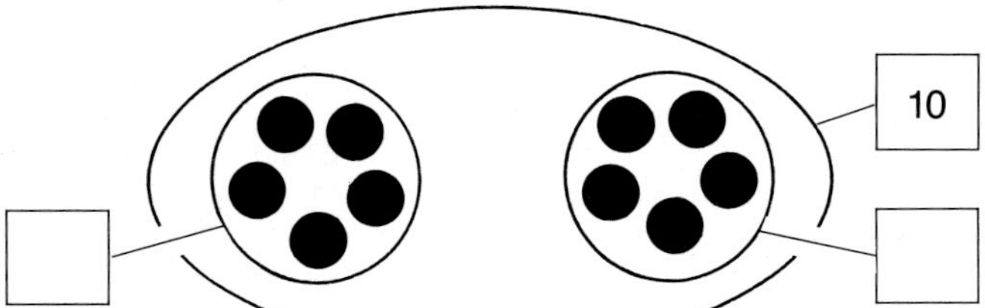

Jeder bekommt ☐ Glaskugeln.

Die Hälfte von 10 ist ☐

Ü 34

Teile in die Hälfte!	die Hälfte
20 Brezeln	☐ Brezeln
80 Soletti	☐ Soletti
30 Kekse	☐ Kekse
70 Bildchen	☐ Bildchen
50 Kastanien	☐ Kastanien
40 Muscheln	☐ Muscheln
90 Holzperlen	☐ Holzperlen

So geht es leichter!

Die Hälfte von 36

Die Hälfte von 30 ist 15

Die Hälfte von 6 ist 3

15 + 3 = 18

Die Hälfte von 36 ist 18.

Ü 35

	78	34	60	96	22	58	84	10	46	42
die Hälfte										

Ü 36

Bilde die Hälfte! Schreibe die Hälfte jeder äußeren Zacke in die innere Zacke!

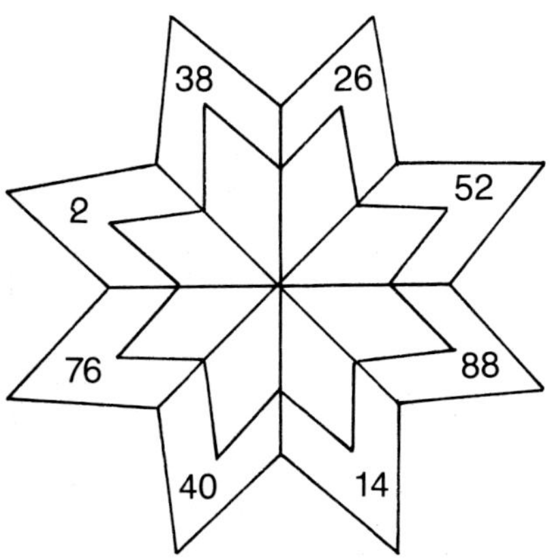

Halbieren von dreistelligen Zahlen

So geht es leichter!

Die Hälfte von 296

Die Hälfte von 200 ist 100

Die Hälfte von 6 ist 3

Die Hälfte von 90 ist 45

100 + 45 + 3 = 148

Die Hälfte von 296 ist 148.

Ü 37

	600	700	460	864	570	234	180	520	346	608
die Hälfte										

4 → ist die Hälfte von → 8
8 → ist das Doppelte von → 4

214 → ist die Hälfte von → 428
428 → ist das Doppelte von → 214

Ü 38

Verbinde zwei so zusammengehörige Zahlen durch einen Strich!

147 590 269
516
295
306 294 184 538
291
258
612 368 370 740 582

Ergänzen

auf 100: 40 S macht die Rechnung aus.
Herr Moser bezahlt mit einer 100-S-Note.

→ Er erhält ☐ S zurück.

So geht es leichter!

25 + ☐ = 100
25 + 5 = 30
30 + 70 = 100
70 + 5 = 75
25 + 75 = 100

Rechne im Kopf, schreib die Ziffern gleich an!

Beginne bei der Einerstelle!

Ü 39

Wieviel fehlt auf 100? Schreibe es darunter!

99	21	88	62	34	7	73	17	45	40	100

auf 1 000: 400 S macht die Rechnung aus.
Herr Moser bezahlt mit einer 1 000-S-Note.

→ Er erhält ☐ S zurück.

So geht es leichter!

256 + ☐ = 1 000
256 + 4 = 260
260 + 40 = 300
300 + 700 = 1 000
256 + 744 = 1 000

Rechne im Kopf, schreib die Ziffern gleich an!

Beginne bei der Einerstelle!

Ü 40

Wieviel fehlt auf 1 000? Schreibe es darunter!

900	200	800	600	350	150	750	450	580	910	1 000

Ü 41

790	538	619	942	831	680	164	972	801	649	1 000

Zahlenfolgen

Ü 42

Wie heißen die folgenden Zahlen?

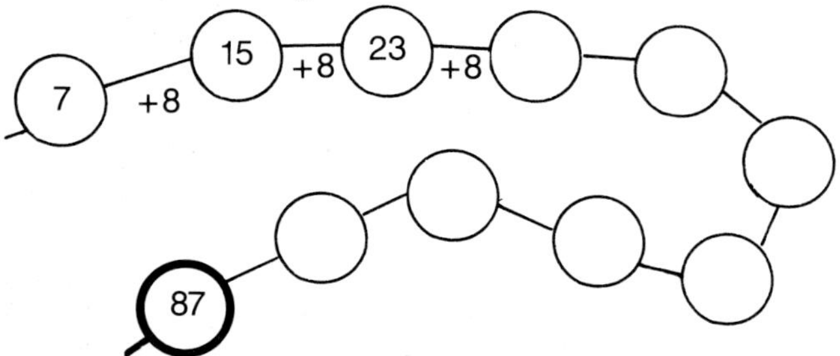

Du mußt auf den Unterschied zwischen zwei benachbarten Zahlen achten. Mit diesem Unterschied rechne weiter!

Ü 43

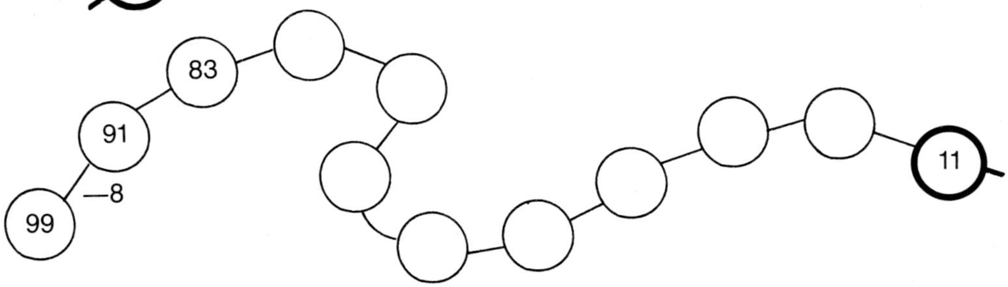

Ü 44

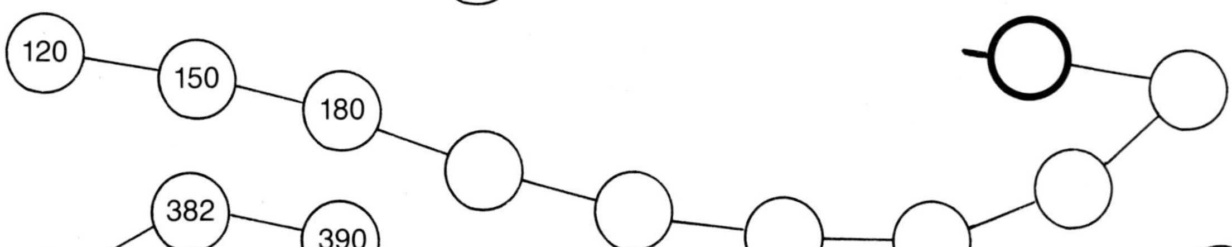

Ü 45

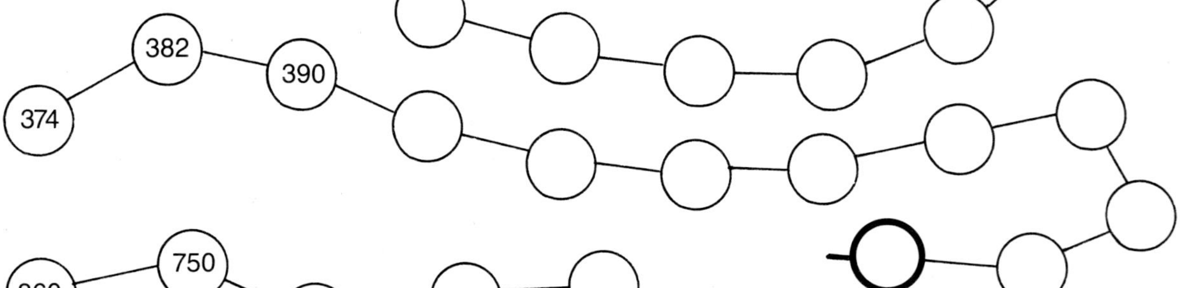

Ü 46

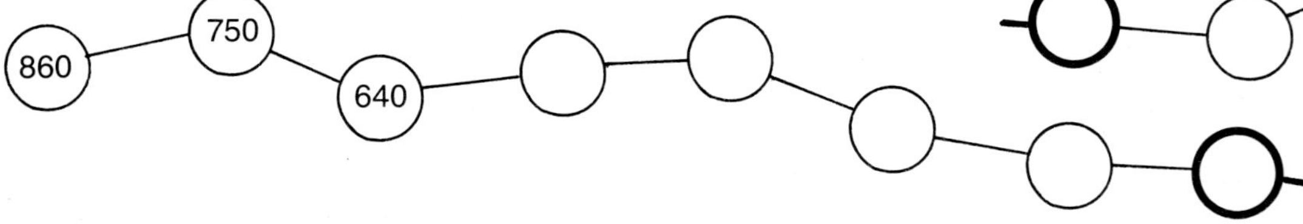

Ü 47

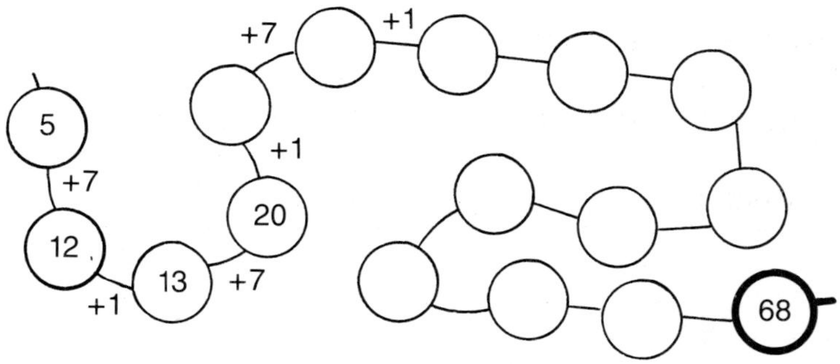

Es können auch zwei verschiedene Unterschiede abwechseln.

Ü 48

Ü 49

Ü 50

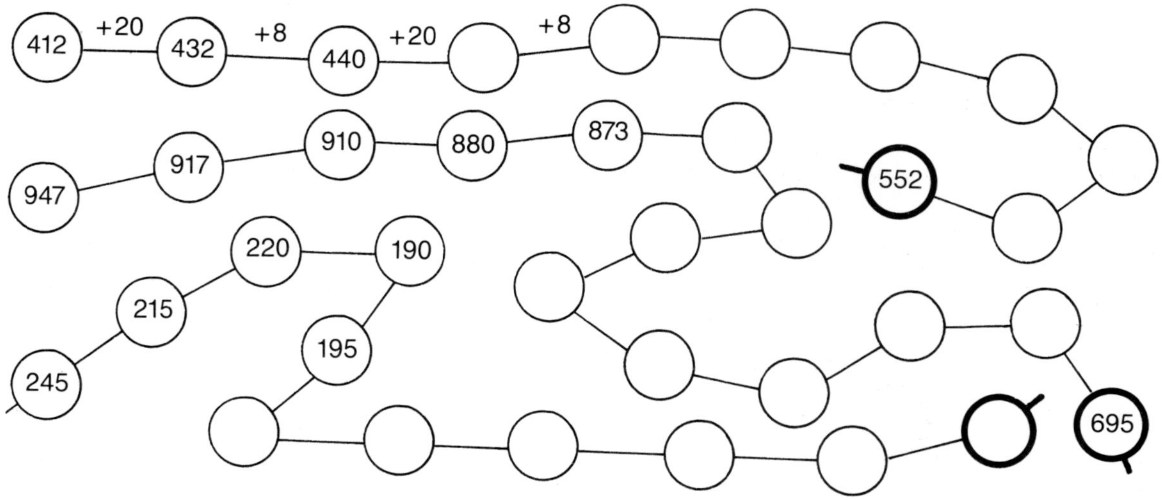

Runden von Zahlen

Zahlen kann man **aufrunden** oder **abrunden.**

Runden zum **Zehner:**

Steht an der Einerstelle (letzte Ziffer) 5, 6, 7, 8 oder 9, dann wird aufgerundet
So: 76 ≈ 80 25 ≈ 30

Steht an der Einerstelle 1, 2, 3 oder 4, dann wird abgerundet.
So: 83 ≈ 80 51 ≈ 50

Ü 51

89 ≈		74 ≈		83 ≈		82 ≈	
57 ≈		46 ≈		58 ≈		7 ≈	
63 ≈		9 ≈		54 ≈		71 ≈	
38 ≈		27 ≈		36 ≈		64 ≈	

Runden zum **Hunderter:**

Steht an der Zehnerstelle (vorletzte Ziffer) 5, 6, 7, 8 oder 9, dann wird **auf**gerundet
So: 762 ≈ 800   350 ≈ 400

Steht an der Zehnerstelle 1, 2, 3 oder 4, dann wird abgerundet.
So: 834 ≈ 800   510 ≈ 500

Ü 52

174 ≈		956 ≈		114 ≈		677 ≈	
664 ≈		184 ≈		966 ≈		366 ≈	
897 ≈		765 ≈		285 ≈		886 ≈	
214 ≈		807 ≈		775 ≈		719 ≈	

T 1 *Überprüfe dich selbst!*

1. 925 = ☐ H ☐ Z ☐ E
   810 =
   705 =
   632 =

   5 H 8 Z 3 E = ☐
   6 Z 2 E =
   9 H 5 Z =
   8 H 4 E =

☐ P.(8)

2. Wie heißen die Einernachbarn?

	481	
	709	
	399	

	600	
998		
		250

579		
		800

☐ P.(8)

3. Ordne von der größten bis zur kleinsten Zahl!

699, 226, 588, 158, 811, 544, 570, 114

____

☐ P.(8)

4. Vergleiche! Setze < oder > ein!

497 ☐ 724 ☐ 507 ☐ 28 ☐ 154 ☐ 361

☐ P.(5)

5. Schreibe in Ziffern auf!

neunhundertneununddreißig = ☐   siebenhundertfünf = ☐

☐ P.(2)

6.

	100	220	450	380	135	242	426	276
das Doppelte								

☐ P.(8)

7.

	800	500	640	486	890	254	360	518
die Hälfte								

☐ P.(8)

8. Wieviel fehlt auf 1 000? Schreibe es darunter!

300	650	280	861	942	783	164	913

☐ P.(8)

9. Wie heißen die folgenden Zahlen?

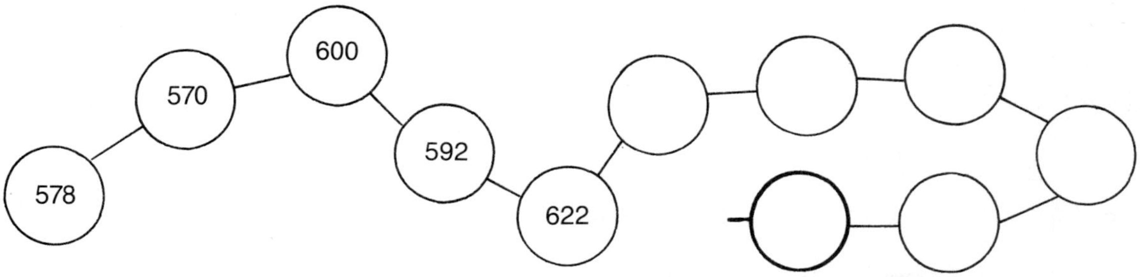

☐ P.(6)

10. Runde zum Zehner!

776 → ☐
541 → ☐
908 → ☐
682 → ☐

Runde zum Hunderter!

309 → ☐
874 → ☐
231 → ☐
915 → ☐

☐ P.(8)

Punktesumme ☐ P. (69)
Durchschnittszeit: 15 min

Arbeitszeit: ☐ min

Gewinn: + ☐ P. (5 P./min)

Abzug: — ☐ P. (5 P./min)

Endstand: ☐ P.

Auswertungsschlüssel:

ab 70 P.: Meisterleistung
ab 64 P.: Ausgezeichnet
ab 52 P.: Eine gute Arbeit
ab 40 P.: Befriedigend (Übe das, was dir noch Schwierigkeiten macht!)
unter 40 P.: Du mußt noch üben!

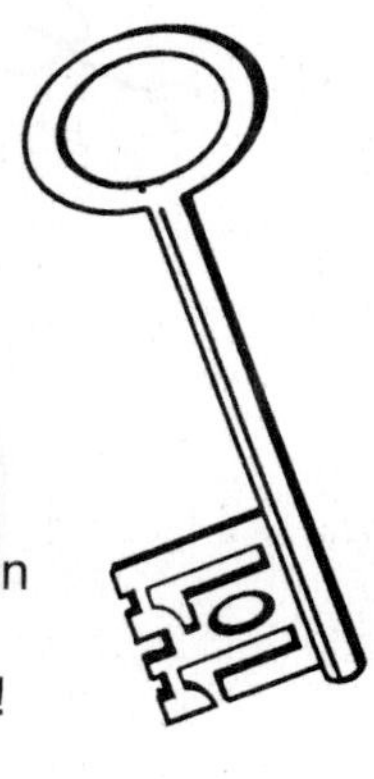

Mündliches Addieren und Subtrahieren

Mündliches Addieren und Subtrahieren im Zahlenbereich bis 100

Einstellige Operatoren

Ohne Überschreitungen

Wenn du mit großen Zahlen gut und schnell rechnen willst, mußt du zuerst mit kleinen Zahlen üben. Du kannst jede Aufgabe im größeren Zahlenbereich auf eine Aufgabe mit kleinsten Zahlen zurückführen.

So:

72 + 6 = 78	97 — 5 = 92
2 + 6 = 8	7 — 5 = 2
64 + 4 = 68	89 — 7 = 82
4 + 4 = 8	9 — 7 = 2

Ü 53

25 + 4 = ☐	58 + ☐ = 60	81 — 1 = ☐	14 — ☐ = 11
81 + 6 = ☐	14 + ☐ = 19	47 — 5 = ☐	70 — ☐ = 61
70 + 8 = ☐	33 + ☐ = 37	66 — 3 = ☐	99 — ☐ = 93
69 + 1 = ☐	92 + ☐ = 99	25 — 4 = ☐	58 — ☐ = 53

Ü 54

Wie viele Wochen sind die beiden Schlangenköniginnen alt?

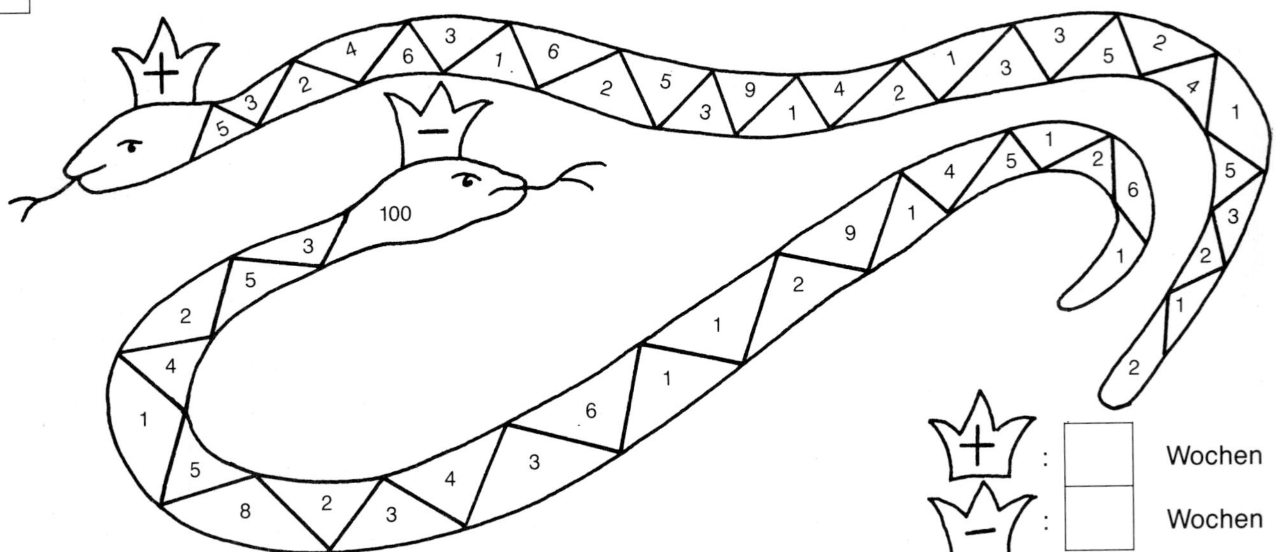

+ : ☐ Wochen

− : ☐ Wochen

Mit Überschreitungen

7 + 6 = 13 13 — 5 = 8

Operator

Hast du bei solchen Rechnungen Schwierigkeiten, zerlege den Operator. Rechne zuerst zum Zehner und dann vom Zehner weiter.

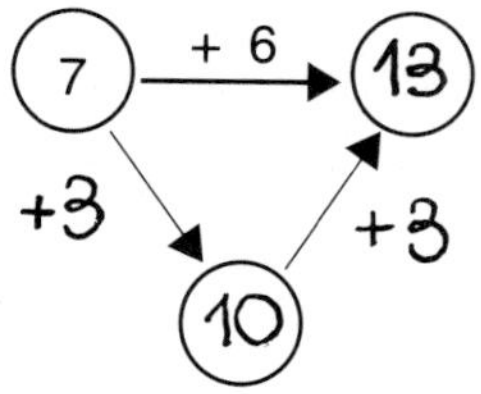

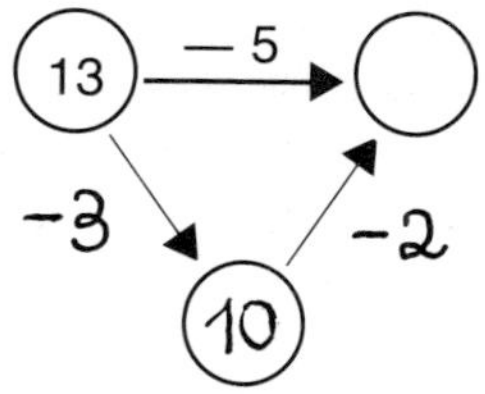

Ü 55

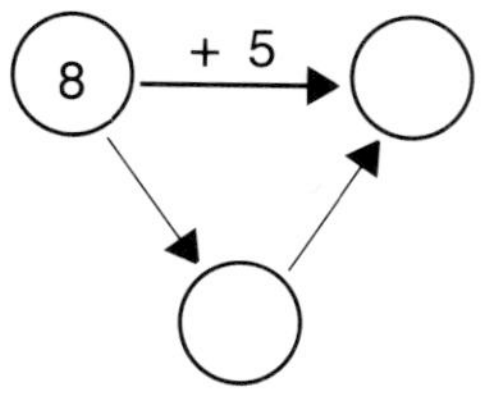

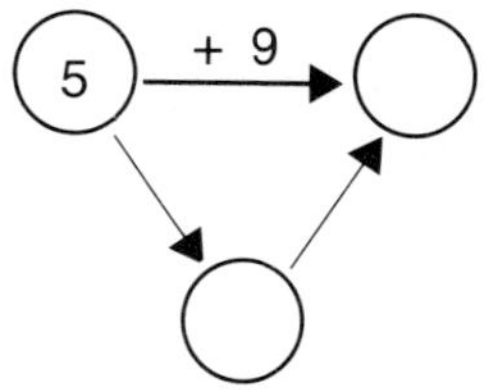

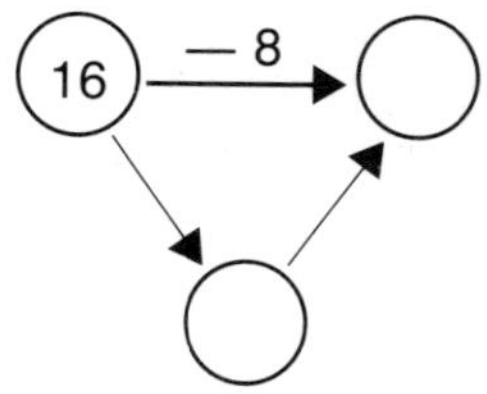

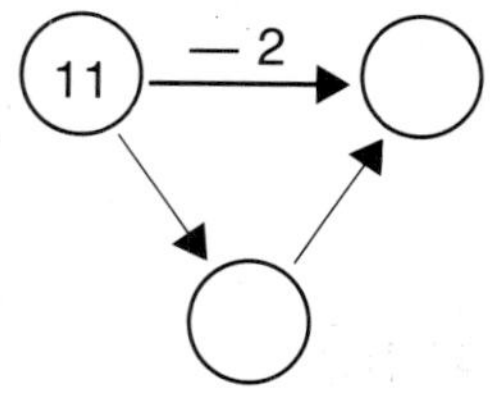

Ü 56

Jeder Käfer hat eine falsche Zahl verschluckt!
Verbinde jede Rechnung mit dem richtigen Ergebnis und streiche die falschen Zahlen durch!

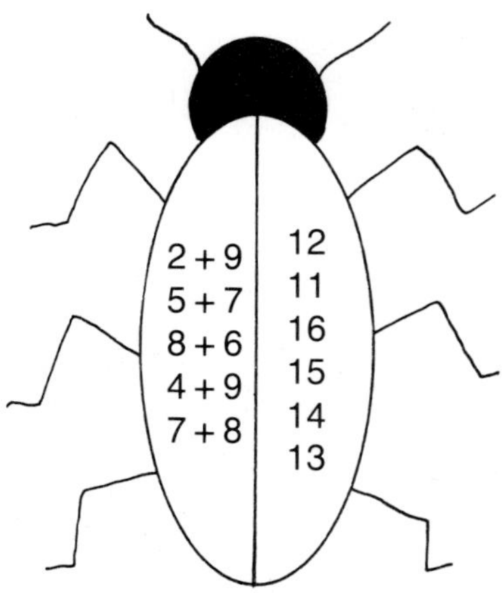

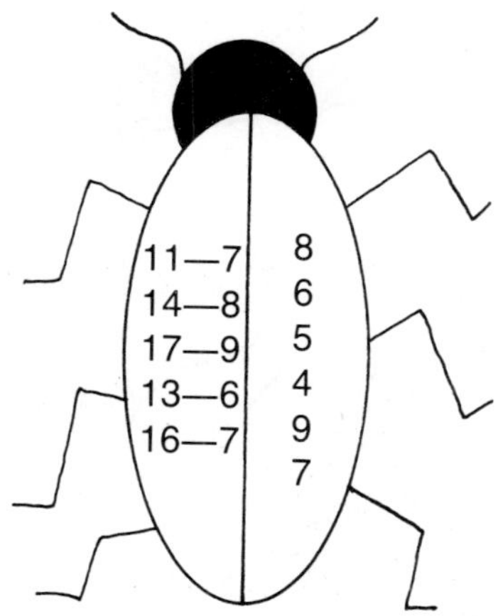

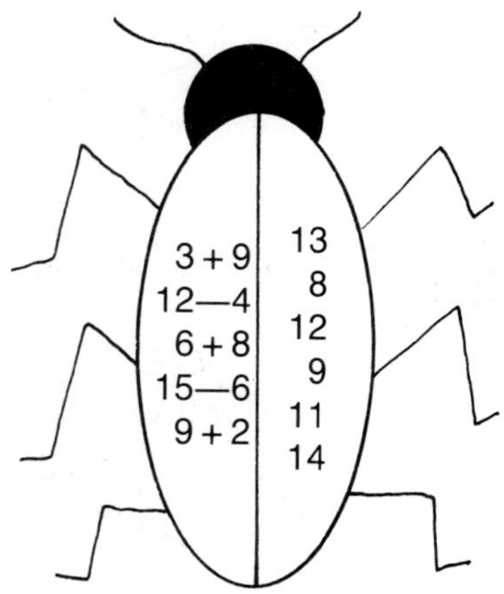

Ü 57

47 + 5 = ☐	73 + ☐ = 81	38 — 9 = ☐	62 — ☐ = 58
33 + 9 = ☐	66 + ☐ = 72	94 — 8 = ☐	27 — ☐ = 19
26 + 7 = ☐	59 + ☐ = 63	82 — 3 = ☐	15 — ☐ = 8
89 + 3 = ☐	12 + ☐ = 21	45 — 7 = ☐	78 — ☐ = 69

Zweistellige Operatoren

Reine Zehnerzahlen als Operatoren

30 + 40 = 70 80 — 30 = 50

Auch hier kannst du wieder auf kleinste Zahlen zurückführen.

So: 3 + 4 = 7 8 — 3 = 5

30 + 40 = 70 80 — 30 = 50

Ü 58

90 + 10 = ☐	20 + ☐ = 60	50 — 20 = ☐	80 — ☐ = 20
50 + 30 = ☐	80 + ☐ = 100	40 — 30 = ☐	70 — ☐ = 30
40 + 50 = ☐	70 + ☐ = 80	30 — 10 = ☐	60 — ☐ = 10
30 + 40 = ☐	60 + ☐ = 90	90 — 60 = ☐	20 — ☐ = 10

Ü 59

Zu jedem Stammstück in der Mitte gehören ein Plus-Blatt und ein Minus-Blatt. Verbinde die Blattstiele mit dem Stamm!

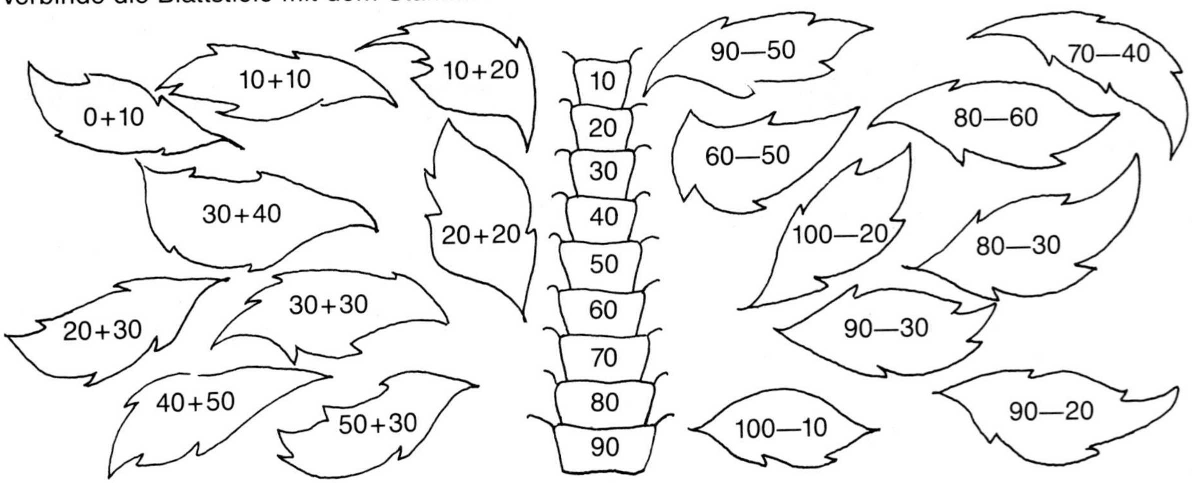

62 + 30 = 92 45 — 20 = 25

Beim Zu- bzw. Wegzählen von reinen Zehnerzahlen ändern sich die Einer nicht.
Du rechnest daher zuerst wie vorher und gibst dann die Einer dazu.

So: 6 + 3 = 9
60 + 30 = 90
62 + 30 = 92

4 — 2 = 2
40 — 20 = 20
45 — 20 = 25

Ü 60

14 + 70 = ☐ | 47 + ☐ = 77 | 73 — 40 = ☐ | 36 — ☐ = 6
36 + 50 = ☐ | 69 + ☐ = 89 | 92 — 70 = ☐ | 25 — ☐ = 15
42 + 40 = ☐ | 75 + ☐ = 85 | 38 — 20 = ☐ | 61 — ☐ = 31
58 + 40 = ☐ | 83 + ☐ = 93 | 46 — 20 = ☐ | 79 — ☐ = 59

Gemischte Zehnerzahlen als Operatoren

35 + 23 = 58

78 — 34 = 44

Auch hier muß du die Aufgabe in Teilaufgaben zerlegen.

1. Möglichkeit:
zuerst die Zehner, dann die Einer

2. Möglichkeit:
zuerst die Einer, dann die Zehner

So:

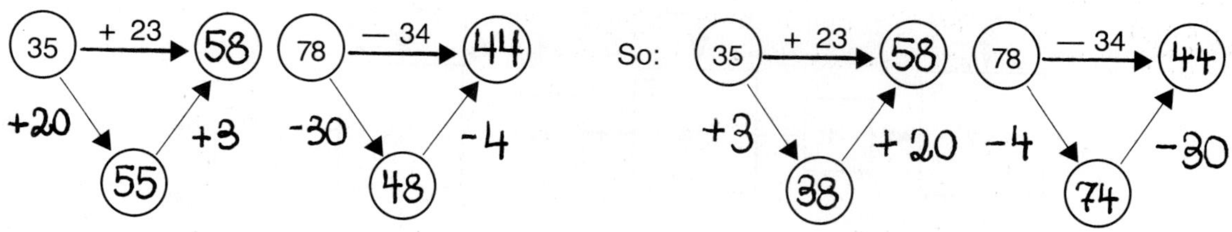

Ü 61

Suche dir einen der beiden Wege aus und rechne!

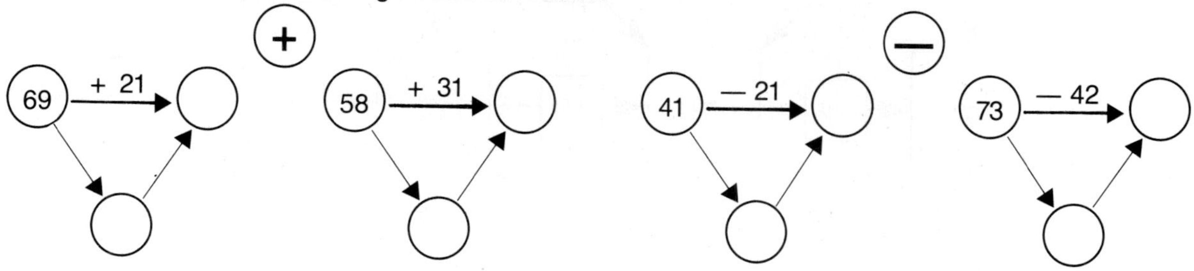

Ü 62

67 + 22 = ☐ | 23 + ☐ = 57 | 56 — 24 = ☐ | 89 — ☐ = 56
55 + 13 = ☐ | 88 + ☐ = 99 | 21 — 11 = ☐ | 54 — ☐ = 22
49 + 31 = ☐ | 72 + ☐ = 96 | 35 — 13 = ☐ | 69 — ☐ = 34
13 + 72 = ☐ | 41 + ☐ = 62 | 74 — 34 = ☐ | 37 — ☐ = 23

Ü 63

Der Weg zum Ziel führt über die richtige Operatorenkette. Beginne beim Start und male das Startkästchen an! Rechne in Pfeilrichtung! Doch nur **ein** Pfeil führt zum **richtigen Ergebnis!** Male auch dieses Kästchen färbig aus! Nun geht es wieder in Pfeilrichtung weiter zum nächsten richtigen Ergebnis und so fort bis zum Ziel. In jedem Ergebniskästchen steht ein Buchstabe. Trage diese Buchstaben in der richtigen Reihenfolge, wie sie sich beim Rechnen ergeben, bei „Lösung“ ein!

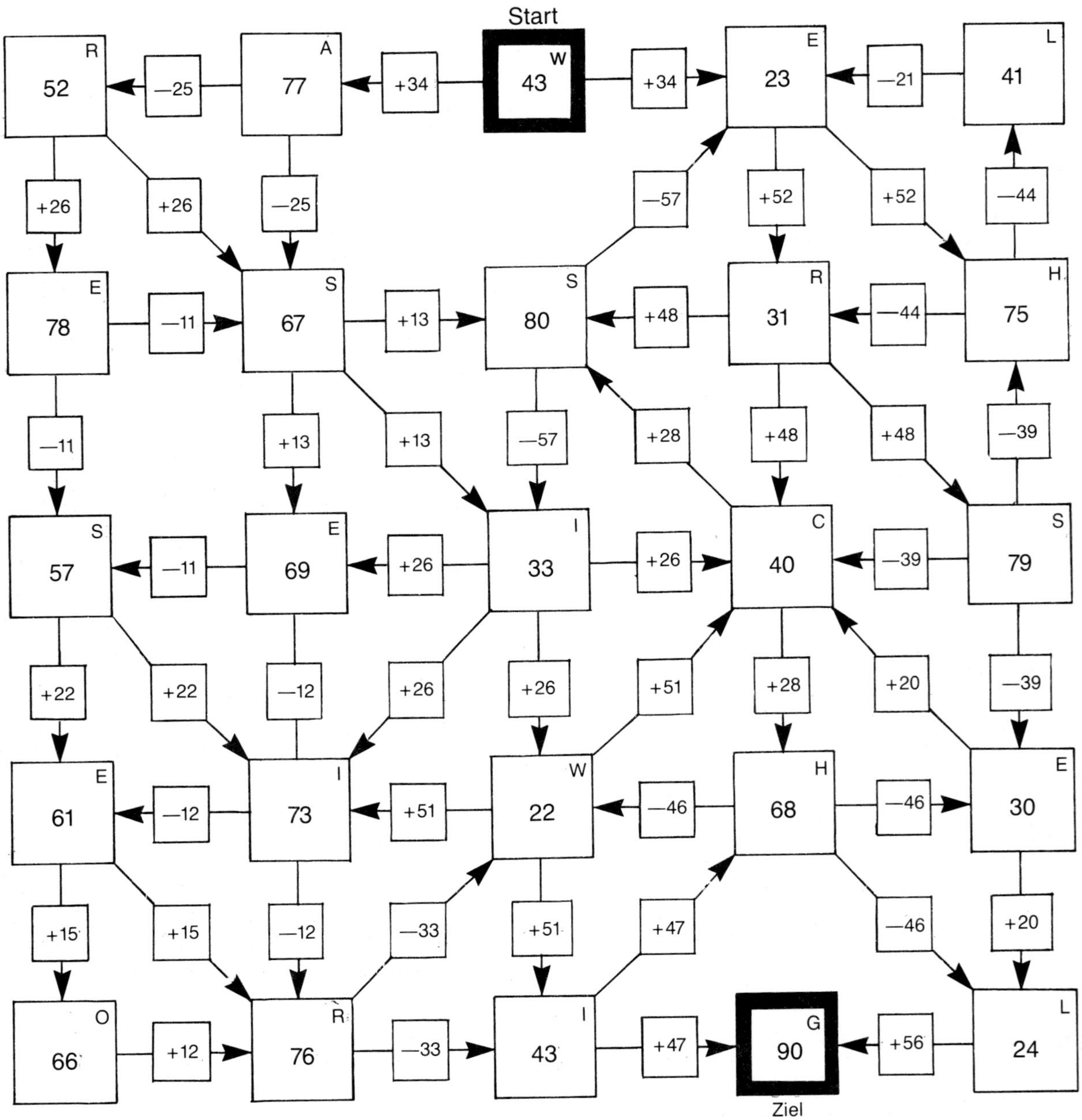

Lösung: ☐☐☐ ☐☐ ☐☐☐☐ ☐☐☐☐☐☐☐☐☐ ?

Schwierige Rechnungen

68 + 24 = 92

31 — 16 = 15

Auch hier mußt du zerlegen.

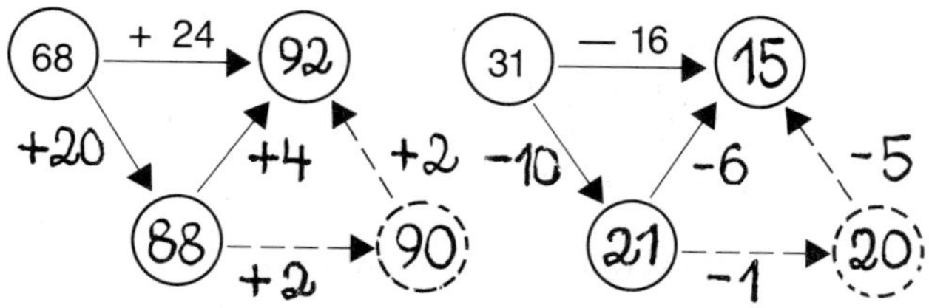

Ü 64

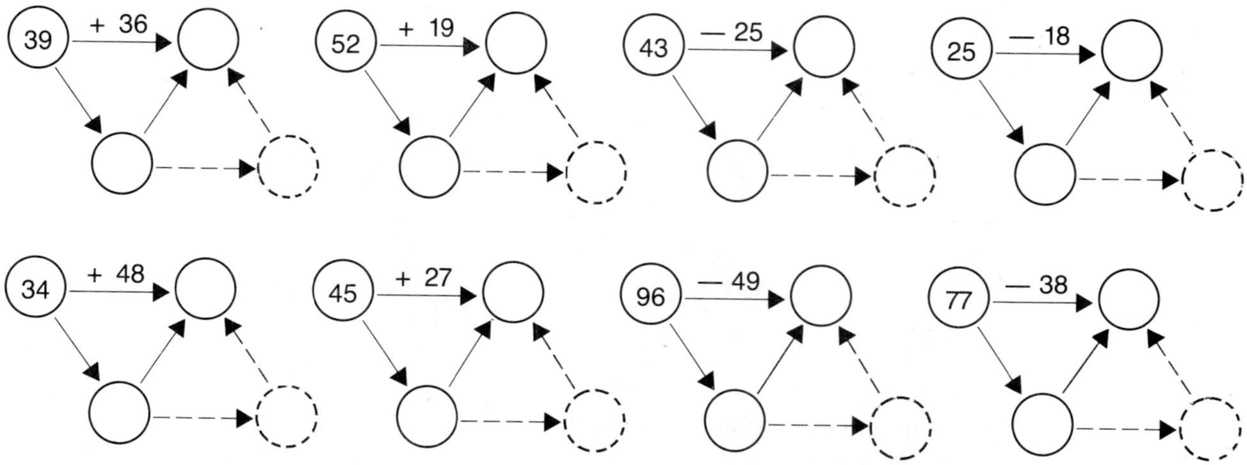

Ü 65

46 + 38 = ☐

54 + 29 = ☐

79 + ☐ = 97

27 + ☐ = 64

32 — 25 = ☐

53 — 37 = ☐

65 — ☐ = 39

86 — ☐ = 47

Ü 66

Plus-Pyramide

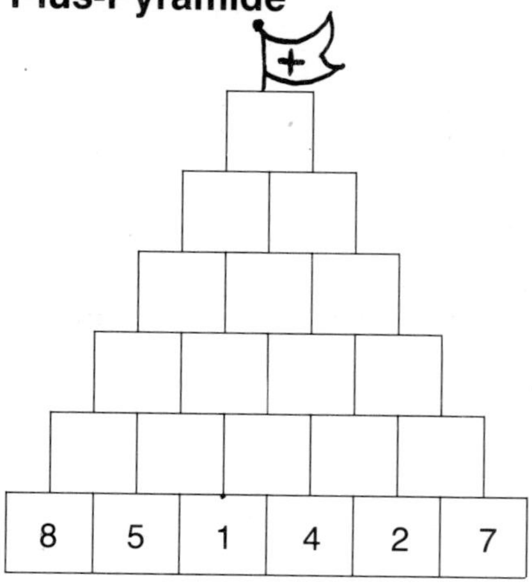

Addiere zwei benachbarte Zahlenbausteine und schreibe das Ergebnis in den Baustein, der in der Mitte über den beiden Zahlen liegt!

So:

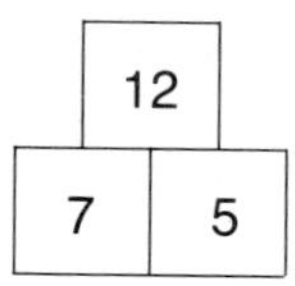

Mache das so lange weiter, bist du an der Spitze angelangt bist!

Ü 67 **Minus-Pyramide**

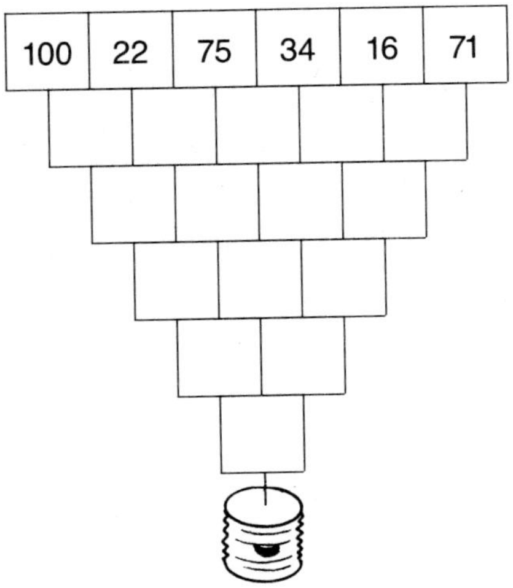

Subrahiere bei zwei benachbarten Zahlen die kleinere von der größeren und schreibe das Ergebnis in den Baustein, der in der Mitte unter den beiden Zahlen liegt!

So:

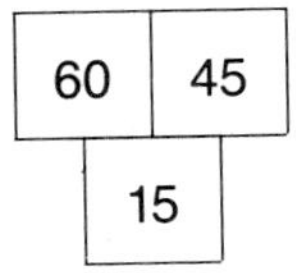

Mache das so lange weiter, bist du an der Spitze angelangt bist!

Ü 68 **Zahlenräder**

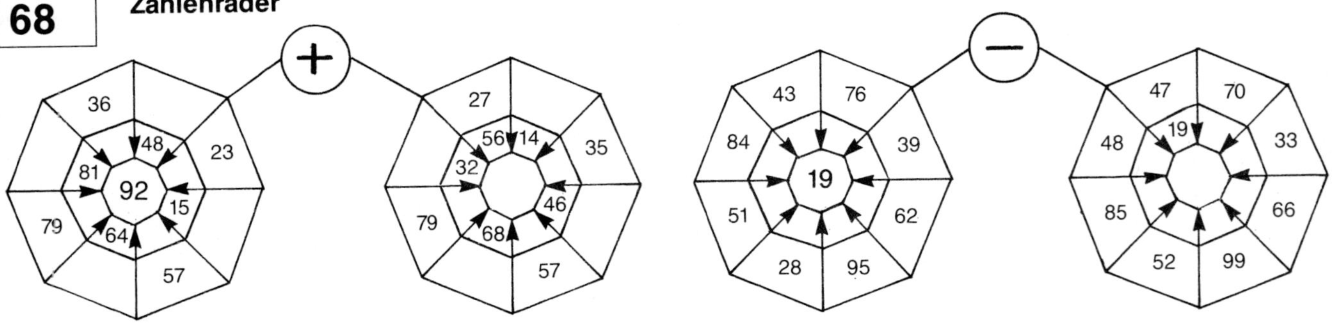

Die äußere und die angrenzende innere Zahl ergeben als Summe die mittlere Zahl. Ergänze alle fehlenden Zahlen!

Subtrahierst du von der äußeren Zahl die angrenzende innere Zahl, so erhältst du die mittlere Zahl. Ergänze alle fehlenden Zahlen!

Mündliches Addieren und Subtrahieren im Zahlenbereich bis 1 000

Reine Hunderterzahlen

500 + 200 = 700 700 — 300 = 400

Auch hier kannst du wieder auf kleinste Zahlen zurückführen

So: 5 + 2 = 7 7 — 3 = 4
500 + 200 = 700 700 — 300 = 400

Ü 69

100 + 600 = ☐	400 + ☐ = 800	700 — 200 = ☐	1 000 — ☐ = 700
300 + 500 = ☐	700 + ☐ = 900	1 000 — 800 = ☐	300 — ☐ = 100
900 + 100 = ☐	200 + ☐ = 500	500 — 300 = ☐	800 — ☐ = 300
500 + 400 = ☐	800 + ☐ = 1 000	100 — 100 = ☐	400 — ☐ = 200

Ü 70

Wie viele Beine unseres Tausendfüßlers sind ausgeruht?
Rechne! Das Ergebnis findest du dann im hintersten Glied.

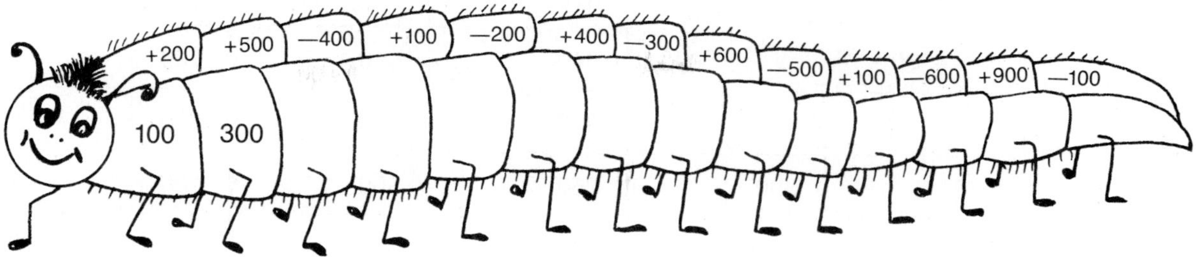

Reine Zehnerzahlen als Operatoren

Ohne Hunderterüberschreitung

240 + 30 = 270 380 — 20 = 270

Du kannst wieder auf kleinste Zahlen zurückführen.

So:

4 + 3 = 7	8 — 2 = 6
40 + 30 = 70	80 — 20 = 60
240 + 30 = 270	380 — 20 = 360

Ü 71

360 + 20 = ☐	690 + ☐ = 700	920 — 10 = ☐	250 — ☐ = 220
610 + 70 = ☐	940 + ☐ = 980	270 — 40 = ☐	500 — ☐ = 430
170 + 10 = ☐	400 + ☐ = 470	730 — 20 = ☐	360 — ☐ = 310
780 + 10 = ☐	310 + ☐ = 360	640 — 30 = ☐	970 — ☐ = 930

Ü 72

Auch so kann man diese Rechnungen anschreiben:

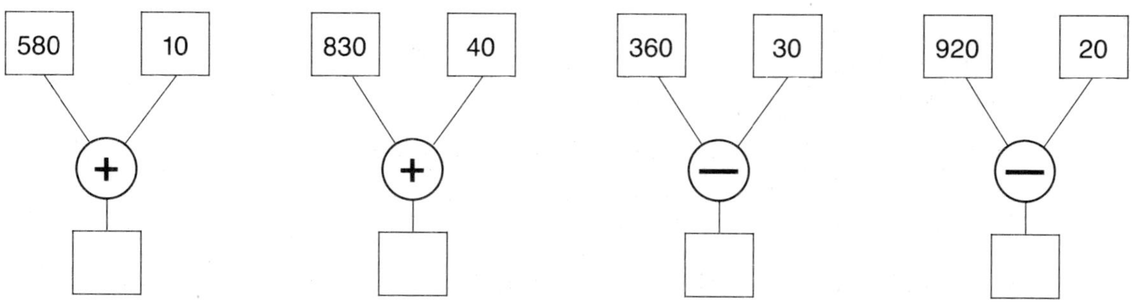

Ü 73

+ 30	
340	
670	
900	
230	
560	

— 20	
890	
120	
450	
780	

+ 40	
310	
640	
930	
260	
520	
850	
110	

— 30	
440	
770	
300	
630	
960	
290	

+ 20	
520	
850	
180	
410	
740	
370	

— 40	
600	
960	
290	
550	
880	
140	
470	

Mit Hunderterüberschreitung

380 + 30 = 410 420 — 50 = 370

Hier mußt du wieder zerlegen:

(380) —+ 30→ (410); (380) +20 → (400) +10 → (410)

(420) —— 50→ (370); (420) −20 → (400) −30 → (370)

Ü 74

(840) —+ 70→ ( ); (840) +60 → ( ) +10 → ( )

(160) —+ 60→ ( ); (160) +40 → ( ) +20 → ( )

(620) —— 60→ ( ); (620) −20 → ( ) −40 → ( )

(250) —— 80→ ( ); (250) −50 → ( ) −30 → ( )

Ü 75

250 + 70 = ☐ 280 + ☐ = 320 510 — 20 = ☐ 840 — ☐ = 780

580 + 40 = ☐ 840 + ☐ = 910 170 — 90 = ☐ 430 — ☐ = 350

130 + 90 = ☐ 460 + ☐ = 530 720 — 40 = ☐ 350 — ☐ = 290

Ü 76

( ) ←— 50— (600) —+ 50→ ( ) ( ) ←— 70— (100) —+ 70→ ( )

( ) ←— 10— (900) —+ 10→ ( ) ( ) ←— 60— (700) —+ 60→ ( )

( ) ←— 70— (700) —+ 70→ ( ) ( ) ←— 80— (600) —+ 80→ ( )

Ü 77

Zahlenbäume:

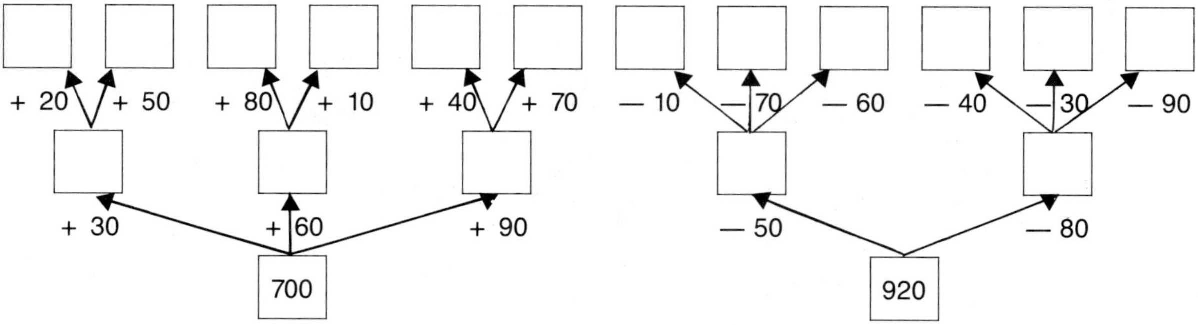

Gemischte Zehnerzahlen als Operatoren

Ohne Hunderterüberschreitung

230 + 24 = 254 560 — 43 = 517

Auch hier mußt du die Aufgabe in Teilaufgaben zerlegen.

1. Möglichkeit: zuerst die Zehner, dann die Einer.

So:

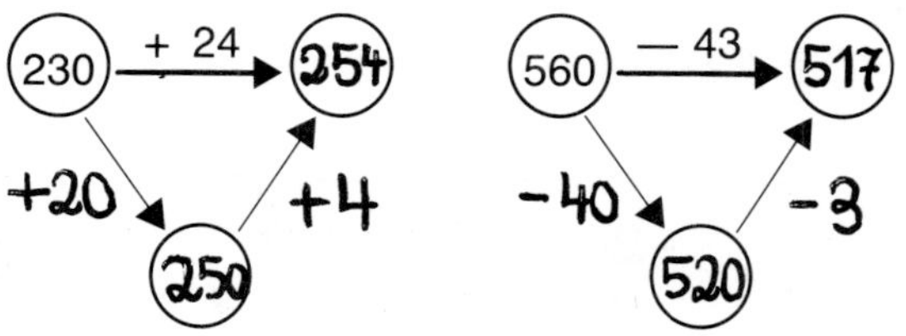

2. Möglichkeit: zuerst die Einer, dann die Zehner.

So:

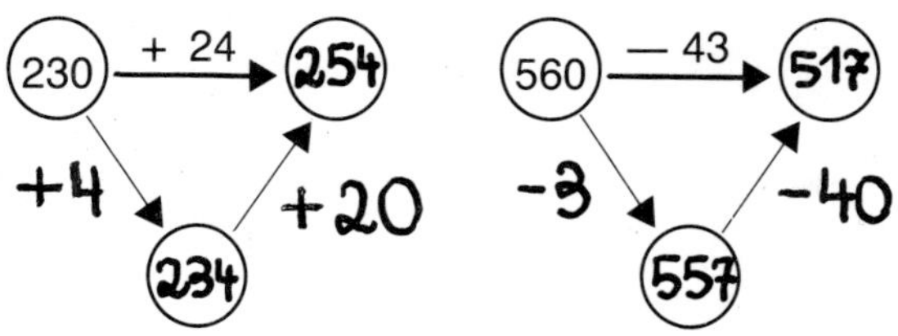

Ü 78

980 + 12 = ☐	210 + ☐ = 245	540 — 18 = ☐	870 — ☐ = 831
240 + 55 = ☐	570 + ☐ = 598	800 — 71 = ☐	130 — ☐ = 104
300 + 78 = ☐	630 + ☐ = 671	960 — 34 = ☐	290 — ☐ = 257

Ü 79

Schreibe das Ergebnis jeweils in das äußere Blütenblatt!

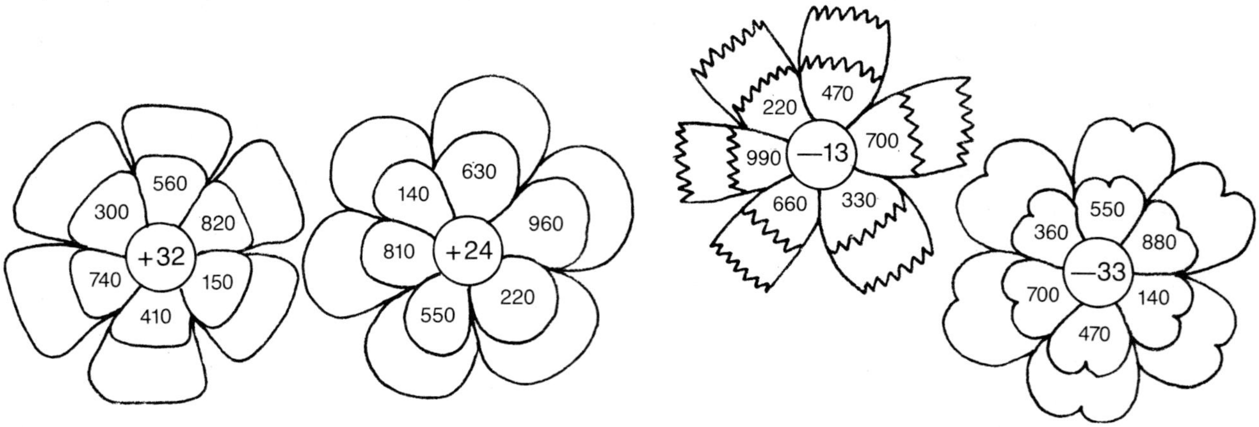

Mit Hunderterüberschreitung

390 + 42 = 432

420 — 57 = 363

Zerlege in Teilaufgaben:

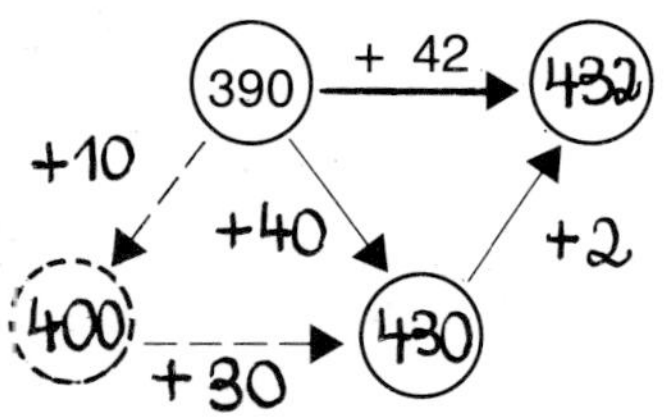

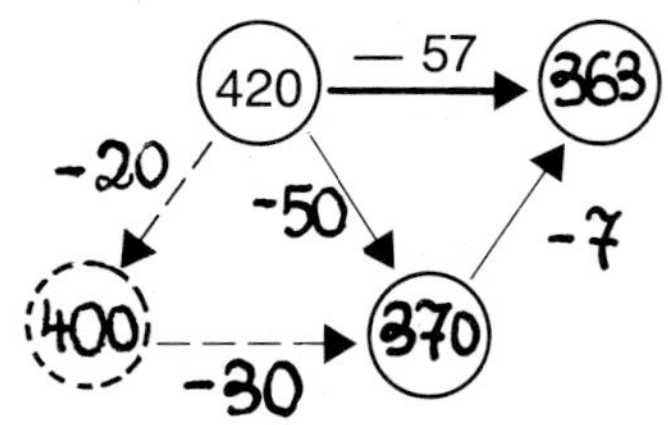

Ü 80

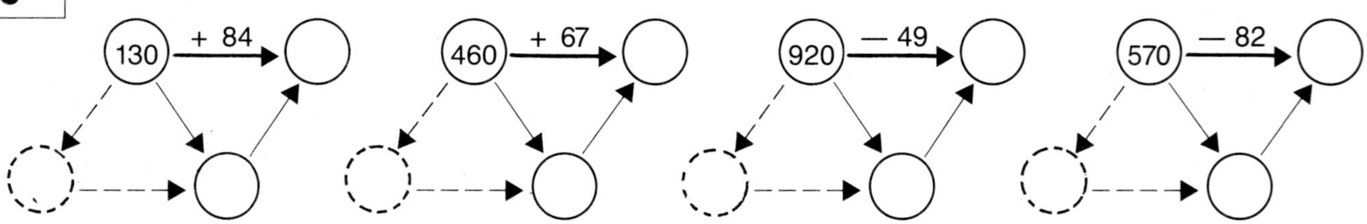

Ü 81

250 + 82 = ☐	580 + ☐ = 645	810 — 18 = ☐	140 — ☐ = 61
830 + 95 = ☐	160 + ☐ = 238	420 — 31 = ☐	750 — ☐ = 694
460 + 58 = ☐	720 + ☐ = 801	350 — 74 = ☐	680 — ☐ = 587

Ü 82

Beginne beim Start! Rechne in Pfeilrichtung! Doch nur **ein** Pfeil führt zum richtigen Ergebnis. Nun geht es wieder in Pfeilrichtung weiter zum nächsten richtigen Ergebnis und so fort bis zum Ziel. In jeder Ergebnisscheibe steht ein Buchstabe. Trage diese Buchstaben in der richtigen Reihenfolge, wie sie sich beim Rechnen ergeben, bei LÖSUNG ein!

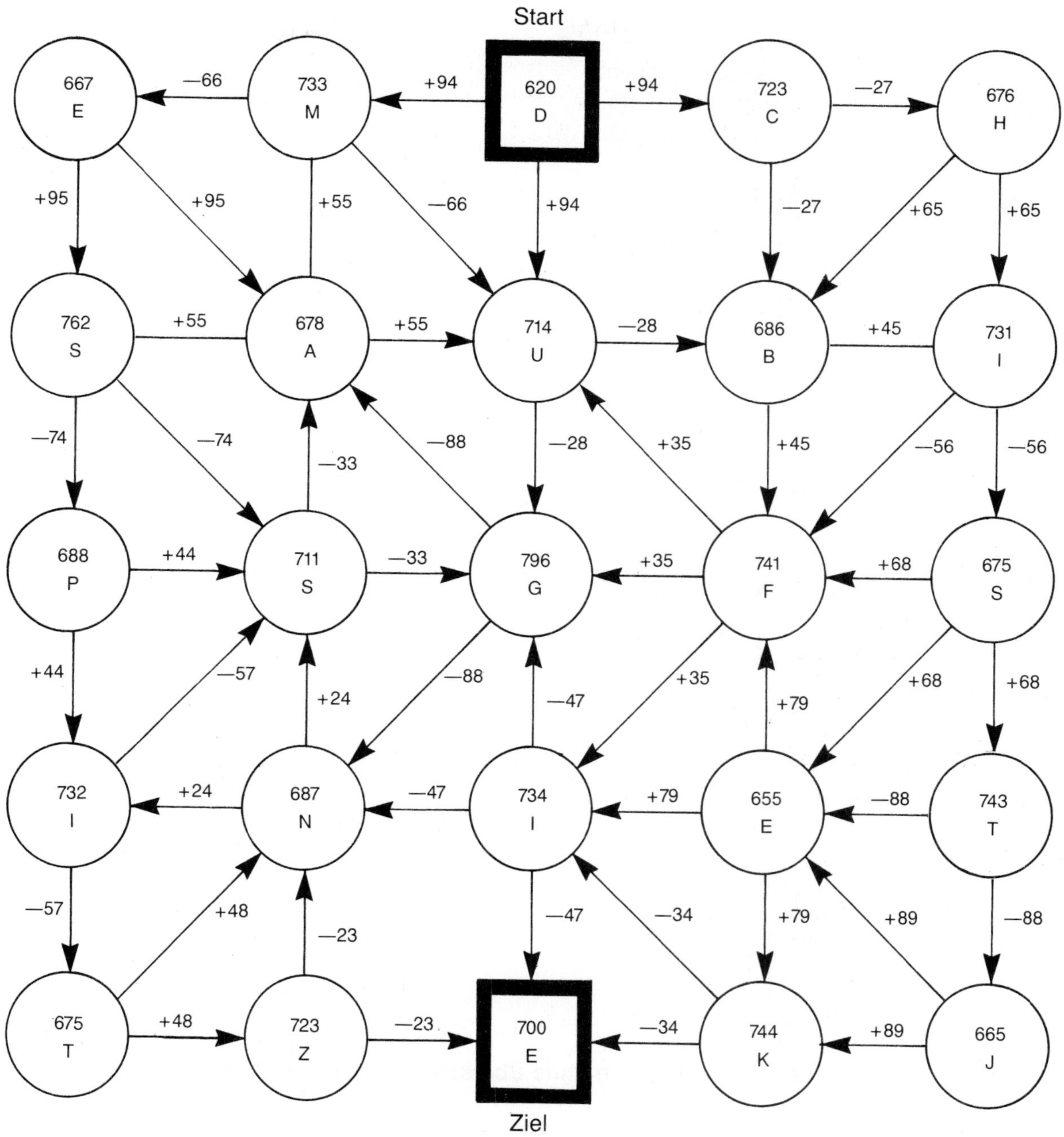

Lösung: ☐☐ ☐☐☐☐ ☐☐☐☐☐☐☐

☐☐☐☐☐☐ !

Dreistellige Zahlen als Operatoren

Hunderterzahlen mit reinen Zehnern

248 + 120 = 368   384 — 230 = 154

Zerlege in Teilaufgaben!

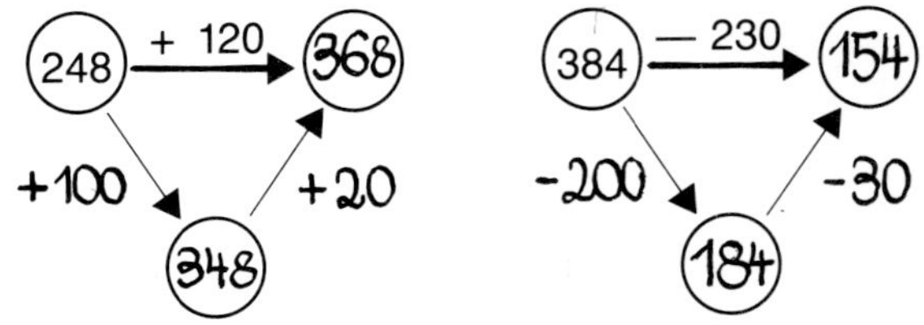

Ü 83

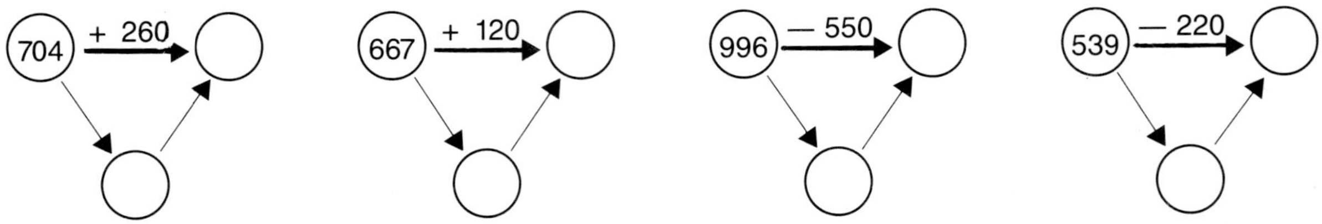

Ü 84

474 + 420 = ☐   707 + ☐ = 897   330 — 120 = ☐   663 — ☐ = 433

387 + 110 = ☐   610 + ☐ = 940   943 — 530 = ☐   276 — ☐ = 156

Ü 85

	938	660	653	456	769	882	465	658	561	993
— 230										
— 310										
— 120										

Ü 86

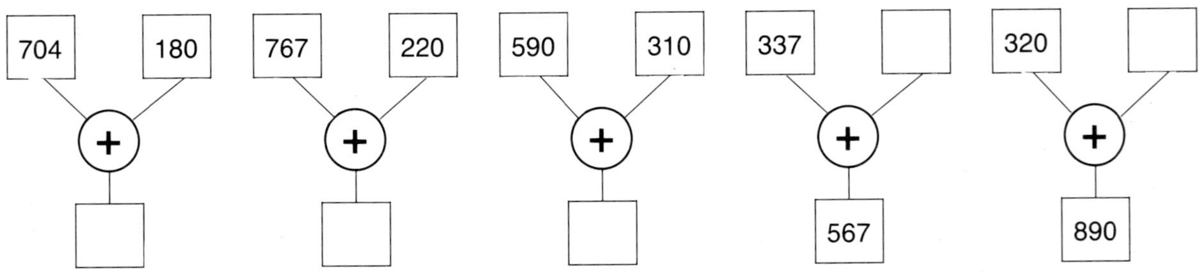

Gemischte Hunderterzahlen ohne Überschreitungen

243 + 324 = 567   675 — 242 = 433

Zerlege in Teilaufgaben!

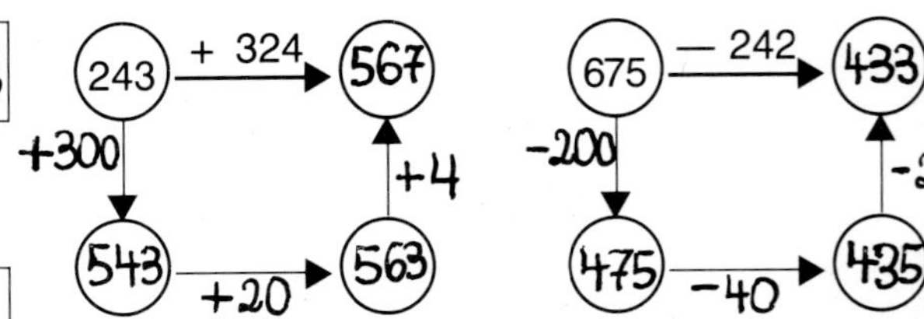

Ü 87

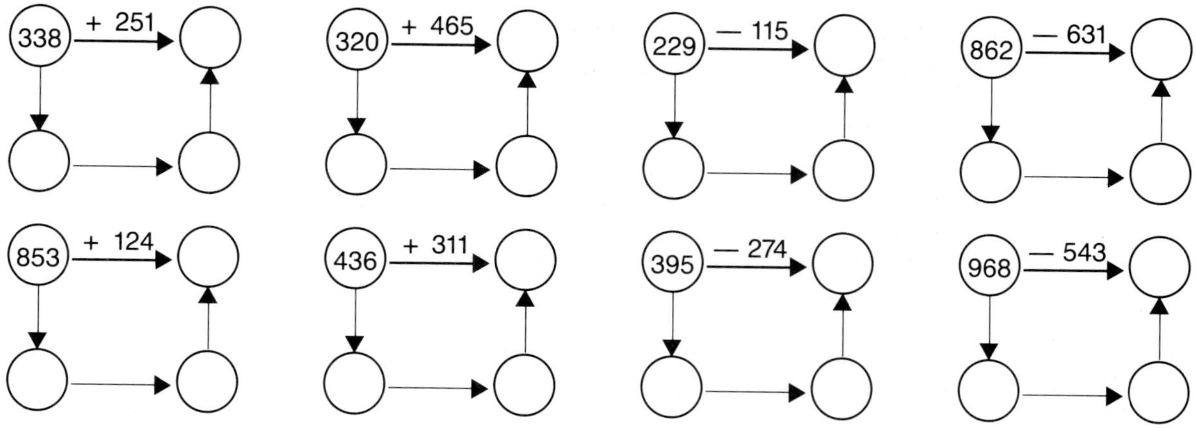

Ü 88

552 + 347 = ☐	885 + ☐ = 997	118 — 105 = ☐	441 — ☐ = 301
195 + 705 = ☐	428 + ☐ = 789	751 — 631 = ☐	384 — ☐ = 162
628 + 251 = ☐	951 + ☐ = 1 000	284 — 142 = ☐	517 — ☐ = 403

Ü 89

Rechne jede Rechnung aus! Ist das Ergebnis richtig, schreibe = in das Kästchen!
Ist es falsch, dann schreibe ≠!
Du findest daneben den entsprechenden Buchstaben, den du bei LÖSUNG einträgst.

			=	≠
883 + 115		998	E	D
175 + 623		788	A	I
608 + 291		809	S	N
281 + 716		997	D	I
774 + 224		998	R	S
617 + 382		989	T	E
840 + 159		999	I	D
413 + 474		897	I	F
116 + 862		978	A	R
408 + 541		949	C	G

			=	≠
940 — 827		125	E	H
173 — 151		22	O	L
746 — 534		212	C	U
449 — 218		241	N	H
731 — 421		310	D	G
564 — 342		232	N	E
847 — 623		214	B	M
630 — 319		311	S	R
273 — 162		111	I	A
406 — 205		101	V	E

			=	≠
231 + 138		369	H	U
514 + 253		777	T	E
307 + 312		619	S	G

			=	≠
379 — 147		232	G	O
772 — 431		351	S	E
364 — 122		242	R	O

Lösung: ☐☐☐ ☐☐☐☐☐☐☐☐☐☐

☐☐☐☐ ☐☐☐ ☐☐☐☐☐☐ !

Gemischte Hunderterzahlen mit Überschreitungen

348 + 236 = 584 742 — 216 = 526

Zerlege in Teilaufgaben!

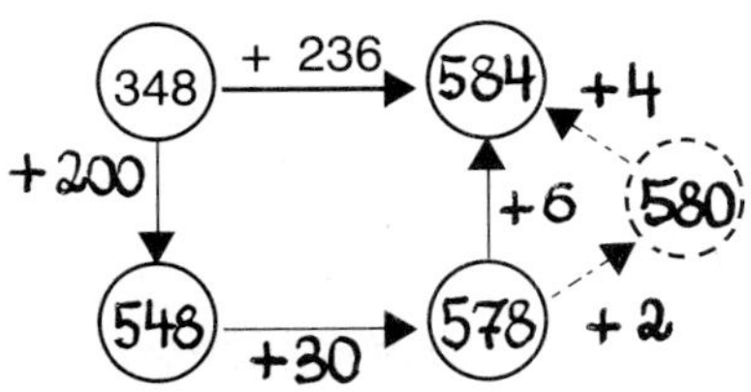

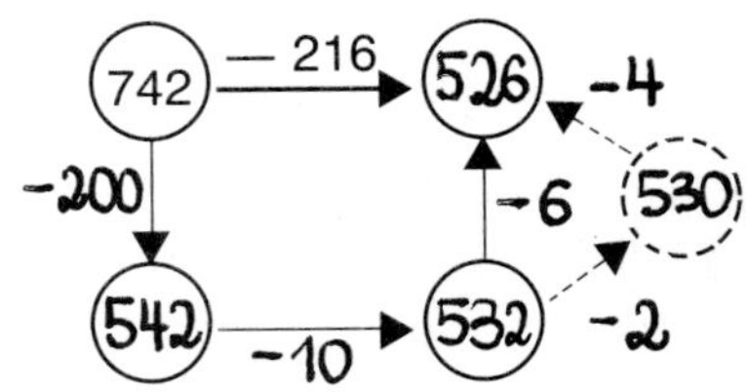

Ü 90

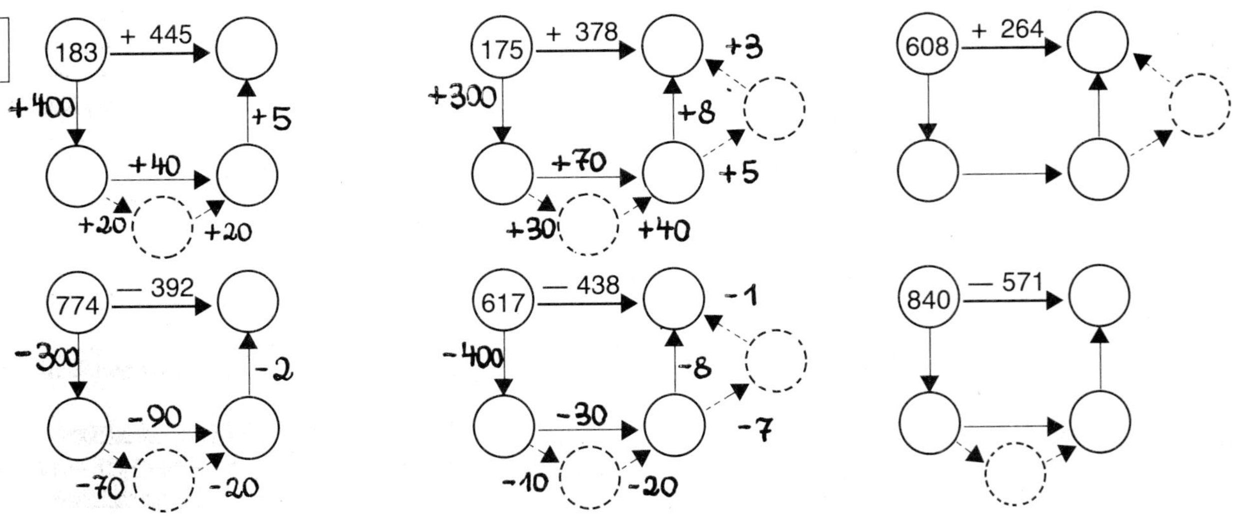

Ü 91

417 + 346 =	307 + 567 =	740 — 328 =	630 — 249 =
408 + 274 =	240 + 681 =	731 — 413 =	573 — 385 =
231 + 484 =	178 + 758 =	564 — 271 =	406 — 237 =

Ü 92

Rechne aus! Die Ergebnisszahlen findest du in den Kreisen.
Verbinde die Rechnung mit ihrem Ergebnis! Jedes Ergebnis gehört zu einer + Rechnung und zu einer — Rechnung. Ein Kreis ist zuviel.

373 + 218
364 + 129
197 + 232
170 + 348
263 + 378
406 + 167
439 + 183
302 + 279

591, 493, 429, 518, 641, 564, 573, 622, 581

606 — 177
697 — 124
920 — 329
803 — 162
596 — 103
739 — 158
862 — 344
935 — 313

Ü 93

Male die Felder mit den Ergebniszahlen an!

239 + 483 = 722	562 — 279 = 283	829 + 139 = 968	452 — 274 = 178
220 + 399 = 619	553 — 365 = 188	362 + 468 = 830	695 — 327 = 368
253 + 268 = 521	586 — 438 = 148	195 + 627 = 822	428 — 139 = 289
136 + 577 = 713	469 — 193 = 276	268 + 384 = 652	591 — 297 = 294

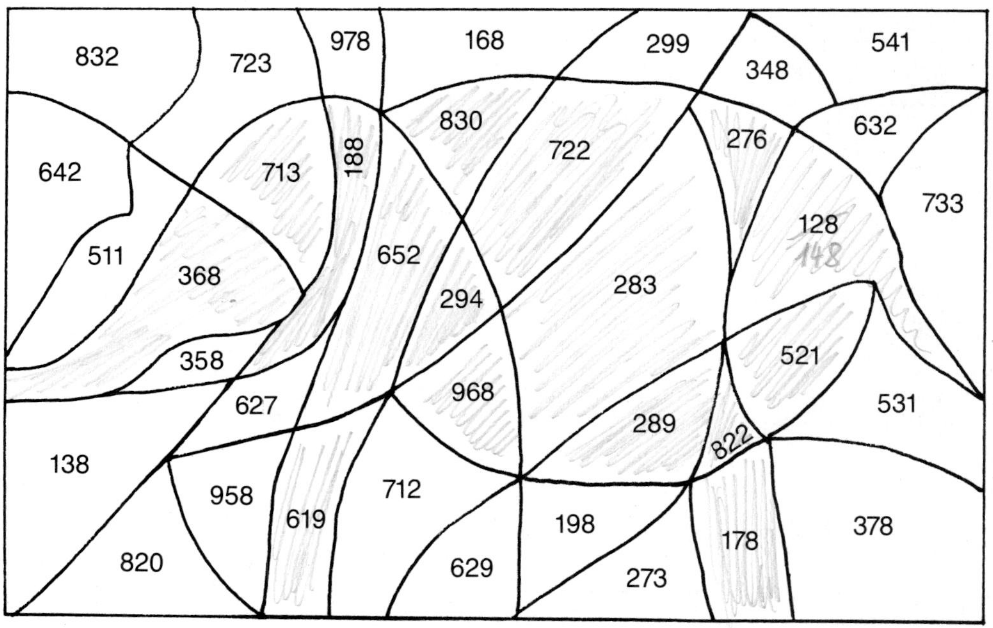

T 2 *Überprüfe dich selbst!*

1.

73 + 8 = ☐ 59 + 4 = ☐ 62 — 5 = ☐ 15 — 7 = ☐

66 + 7 = ☐ 12 + 9 = ☐ 27 — 8 = ☐ 78 — 9 = ☐

☐ P.(8)

2.

52 + 14 = ☐ 31 + 44 = ☐ 25 — 14 = ☐ 96 — 55 = ☐

45 + 12 = ☐ 10 + 75 = ☐ 17 — 6 = ☐ 82 — 62 = ☐

☐ P.(8)

3.

78 + ☐ = 96 46 + ☐ = 65 62 — ☐ = 42 35 — ☐ = 10

91 + ☐ = 100 67 + ☐ = 96 57 — ☐ = 31 26 — ☐ = 19

☐ P.(8)

4.

	670	900	230	560
+ 30				
— 20				

☐ P.(8)

5.

◯ ← — 80 — (900) — + 80 → ◯ ◯ ← — 60 — (420) — + 60 → ◯

◯ ← — 40 — (200) — + 40 → ◯ ◯ ← — 90 — (350) — + 90 → ◯

☐ P.(8)

6.

210 + 45 = ☐ 630 + 31 = ☐ 870 — 41 = ☐ 290 — 67 = ☐

570 + 18 = ☐ 940 + 34 = ☐ 130 — 24 = ☐ 530 — 13 = ☐

☐ P.(8)

7.

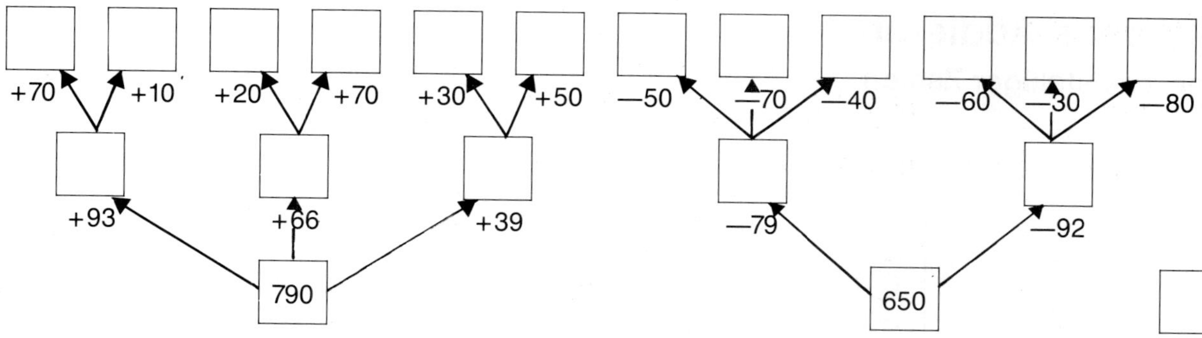

P.(17)

8.

848 + [ ] = 998

171 + [ ] = 391

234 + [ ] = 544

547 + [ ] = 787

734 — [ ] = 524

367 — [ ] = 247

593 — [ ] = 453

433 — [ ] = 103

P.(8)

9.

	254	546	479	362
+ 321				
— 232				

P.(8)

10.

740 + 209 = [ ]

331 + 507 = [ ]

564 + 317 = [ ]

847 + 126 = [ ]

373 — 251 = [ ]

664 — 346 = [ ]

897 — 504 = [ ]

170 — 127 = [ ]

P.(8)

Punktesumme [ ] P. (89)

Durchschnittszeit: 15 min

Arbeitszeit: [ ] min

Gewinn: + [ ] P. (6 P./min)

Abzug: — [ ] P. (6 P./min)

Endstand: [ ] P.

Auswertungsschlüssel:

ab 90 P.: Meisterleistung

ab 82 P.: Ausgezeichnet

ab 67 P.: Eine gute Arbeit

ab 52 P.: Befriedigend (Übe das, was dir noch Schwierigkeiten macht!)

unter 52 P.: Du mußt noch üben!

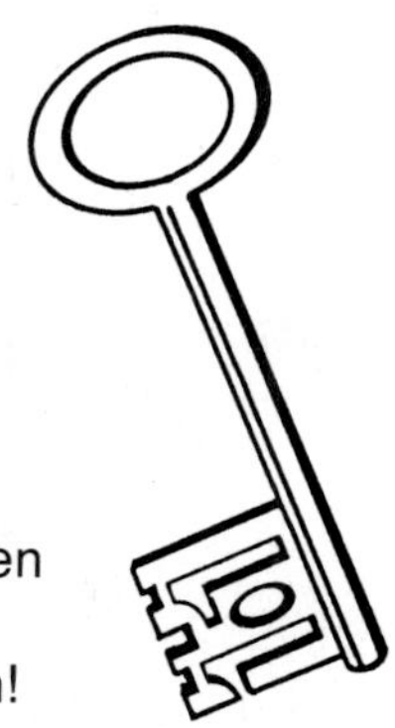

Schriftliches Addieren

Addieren zweistelliger Zahlen

Ohne Überschreitungen

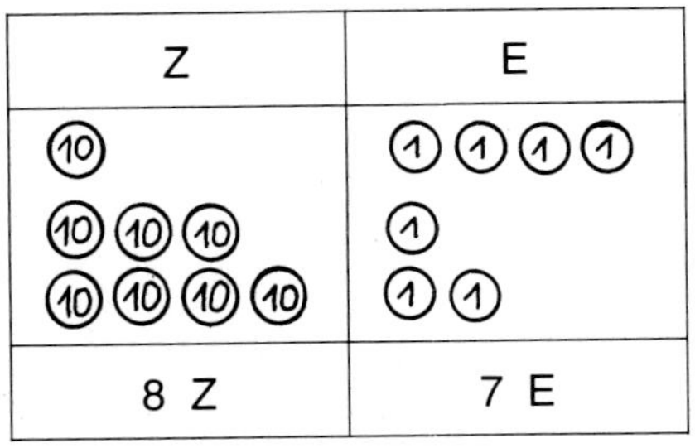

Z	E
1	4
3	1
4	2
8	7

Sprich!	Schreibe!
Einer: 2 plus 1 gleich 3, plus 4 gleich **7**	7
Zehner: 4 plus 3 gleich 7, plus 1 gleich **8**	8

Beginne **immer** mit den Einern! Rechne von unten nach oben!

Ü 94

Z	E
4	7
2	0
1	1

Z	E
7	0
1	3
1	4

Z	E
	3
4	6
4	0

Z	E
3	6
	2
3	1

Z	E
6	2
3	5
	1

Z	E
2	5
6	1
1	2

Z	E
5	8
2	0
1	1

Z	E
8	1
1	3
	4

Ü 95

Schreibe stellenwertgerecht untereinander und addiere in deinem Heft!

14 + 42 + 30	47 + 1 + 21	70 + 24 + 4
3 + 50 + 33	36 + 13 + 20	62 + 6 + 11
25 + 32 + 40	58 + 21 + 20	81 + 14 + 3

Mit Überschreitungen an der Zehnerstelle

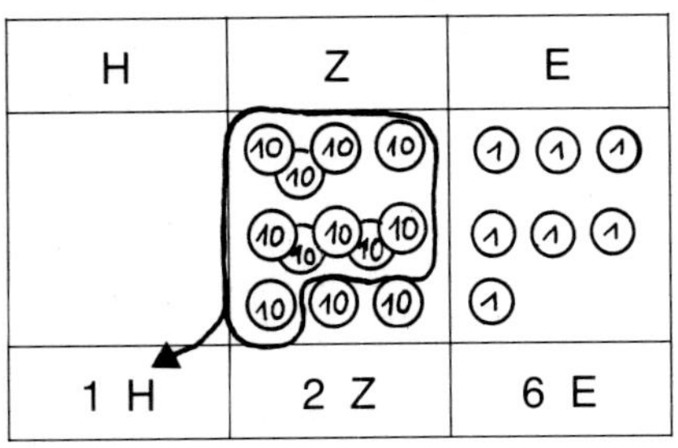

H	Z	E
	4	2
	5	3
	3	1
1	2	6

Sprich!	Schreibe!
Einer: 1 plus 3 gleich 4, plus 2 gleich **6**	6
Zehner: 3 plus 5 gleich 8, plus 4 gleich **12** das sind 2 Z und 1 H	2 1

Ü 96

H	Z	E
	1	4
	4	0
	6	2

H	Z	E
	4	7
	7	2
	9	0

H	Z	E
	7	0
		5
	5	3

H	Z	E
		3
	3	1
	8	2

H	Z	E
	3	6
	6	0
	1	1

H	Z	E
	6	2
	9	3
	4	4

H	Z	E
	9	5
	2	2
	7	0

H	Z	E
	2	8
	5	1
	3	0

Ü 97

21	54	87	10	43	76	2	35	68	91	24	57
54	80	12	45	71	10	43	72	1	34	60	92
53	12	40	73	2	31	64	90	50	83	42	70

Mit Überschreitung an der Einerstelle

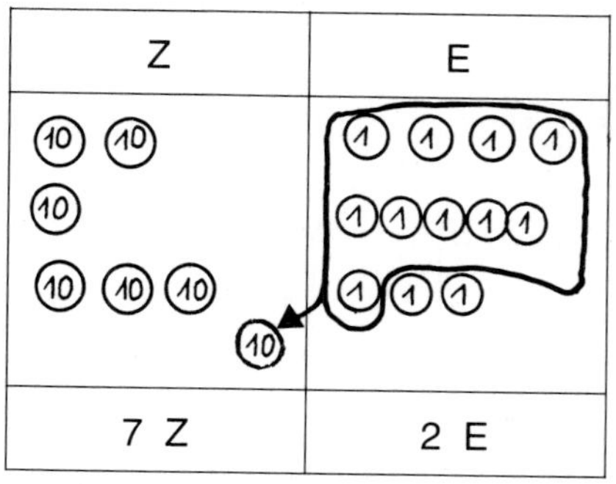

Z	E
2	4
1	5
3	3
7	2

Sprich!	Schreibe!
Einer: 3 plus 5 gleich 8, plus 4 gleich **12**, das sind 2 E und 1 Z	2
Zehner: 1 plus 3 gleich 4, plus 1 gleich 5, plus 2 gleich **7**	7

Ü 98

Z	E
2	1
5	4
1	6

Z	E
5	4
1	7
1	9

Z	E
6	7
	3
1	2

Z	E
1	0
3	6
4	5

Z	E
4	3
2	9
	8

Z	E
7	6
1	2
	4

Z	E
	9
4	5
3	7

Z	E
3	2
	8
5	0

Ü 99

Schreibe stellenwertgerecht untereinander und addiere in deinem Heft!

55 + 31 + 6	28 + 34 + 19	51 + 27 + 12
74 + 10 + 8	17 + 43 + 31	40 + 6 + 24
63 + 29 + 7	6 + 52 + 33	39 + 15 + 36

Ü 100

Verbinde die Punkte in der Reihenfolge der Ergebnisse!

62	25	58	11	44	67	20	43	56	19	42	35	68	21	54	18	41	34	25
8	31	24	57	10	3	36	29	12	45	8	11	4	39	22	56	19	43	3
29	15	8	24	27	10	6	19	2	25	18	14	26	17	6	19	12	6	43

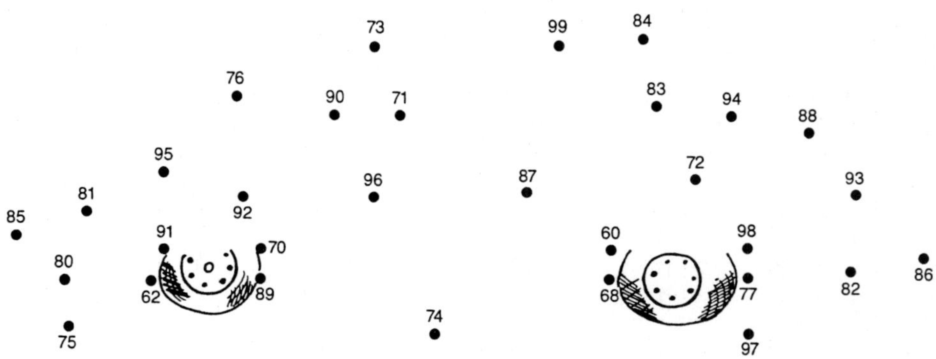

Mit Überschreitungen an der Einer- und Zehnerstelle

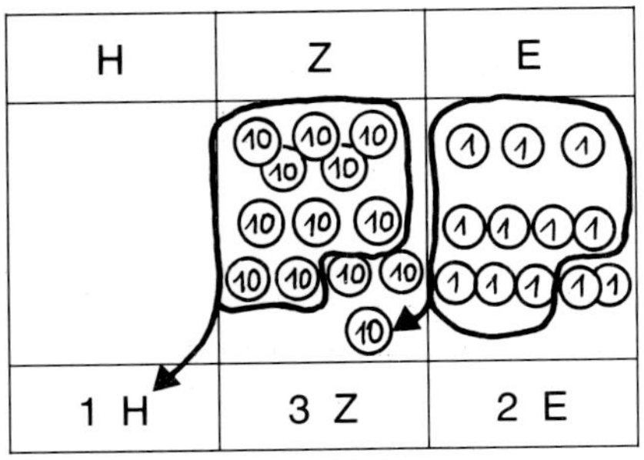

H	Z	E
	5	3
	3	4
	4	5
1	3	2

Sprich!	Schreibe!
Einer: 5 + 4 = 9, + 3 = **12.** das sind 2 E und 1 Z	2
Zehner: 1 + 4 = 5, + 3 = 8, + 5 = **13,**	3
das sind 3 Z und 1 H	1

Ü 101

H	Z	E
	6	2
	4	8
	6	9

H	Z	E
	9	5
	7	1
	2	8

H	Z	E
	2	8
		4
	8	1

H	Z	E
	5	1
	3	7
	4	4

H	Z	E
	8	4
	6	0
	7	7

H	Z	E
	1	7
	9	3
		3

H	Z	E
	4	0
	2	6
	3	6

H	Z	E
	7	3
	5	9
	6	9

Ü 102 Schreibe stellenwertgerecht untereinander und addiere in deinem Heft!

6 + 82 + 92	39 + 15 + 55	62 + 48 + 88
95 + 71 + 14	28 + 4 + 77	51 + 37 + 33
84 + 60 + 69	17 + 93 + 92	40 + 26 + 55

Addieren dreistelliger Zahlen

Ohne Überschreitungen

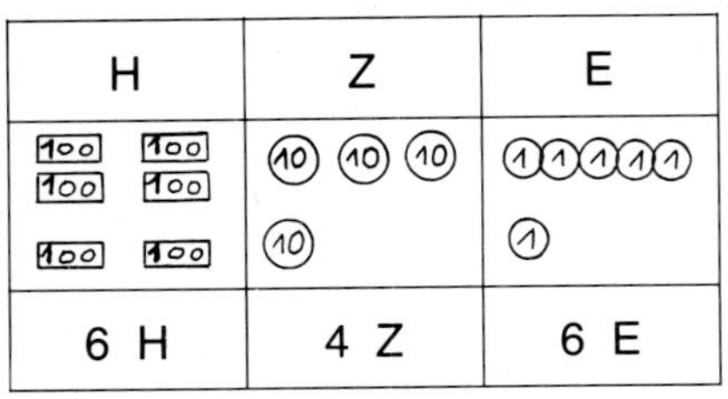

H	Z	E
4	3	5
2	1	1
6	4	6

Sprich!	Schreibe!
Einer: 1 + 5 = **6**	6
Zehner: 1 + 3 = **4**	4
Hunderter: 2 + 4 = **6**	6

Ü 103

H	Z	E
7	6	8
1	3	0

H	Z	E
	9	1
4	0	3

H	Z	E
3	2	4
	3	2

H	Z	E
6	5	7
3	2	1

H	Z	E
9	8	0
	1	4

H	Z	E
2	1	3
3	4	0

H	Z	E
5	4	6
2	0	3

H	Z	E
8	7	9
1	2	0

Ü 104

H	Z	E
1	0	2
4	5	3
	1	2

H	Z	E
4	3	5
	1	2
3	4	1

H	Z	E
7	6	8
2	0	1
	3	0

H	Z	E
	2	1
5	3	4
3	2	3

H	Z	E
3	5	4
1	2	0
2	1	2

H	Z	E
6	8	7
	1	2
1	0	0

H	Z	E
2	1	0
3	4	5
4	3	3

H	Z	E
5	4	3
2	0	1
	2	2

Ü 105 Schreibe stellenwertgerecht untereinander und addiere in deinem Heft!

876 + 112	98 + 501	510 + 244 + 103
109 + 440	321 + 134	843 + 106 + 30
432 + 303	654 + 23	176 + 422 + 301
765 + 232	287 + 311	402 + 55 + 232

Ü 106 Jeder der beiden Sterne ergibt 8 Additionen. Schreibe diese in dein Heft und rechne sie aus! Suche die Ergebnisse bei den Kontrollzahlen und übertrage das Zeichen aus dem ersten Stern in den dafür vorgesehenen Bogen! Suche auch die Ergebnisse des zweiten Sterns bei den Kontrollzahlen und übetrage nun die Zeichen der Kontrollzahlen zu den Herzen!
Gib acht, es sind 2 Kontrollzahlen zu viel!

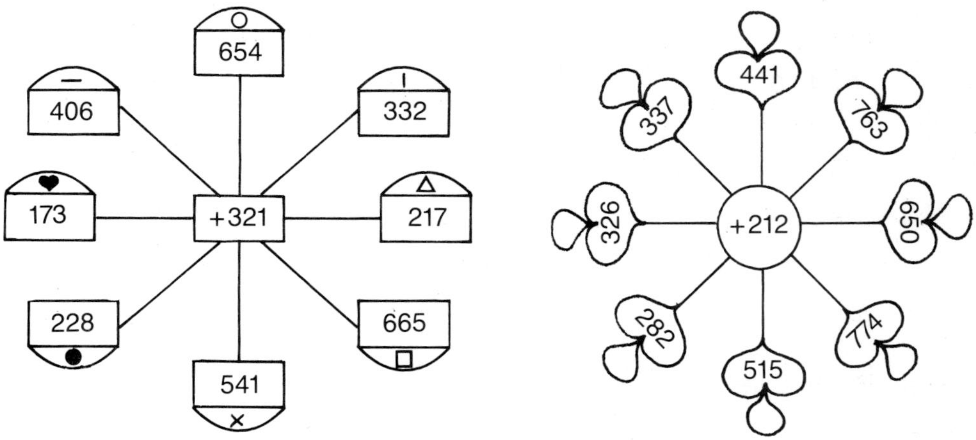

Kontrollzahlen:

465	538	653	862	975
494	549	727	886	986

Mit Überschreitungen an der Einerstelle

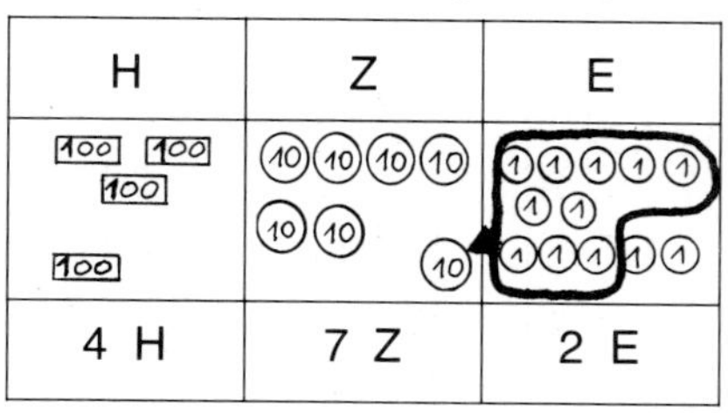

H	Z	E
3	4	7
1	2	5
4	7	2

Sprich!	Schreibe!
Einer: 5 + 7 = **12** das sind 2 E und 1 Z	2
Zehner: 1 + 2 = 3, + 4 = **7**	7
Hunderter: 1 + 3 = **4**	4

Ü 107

H	Z	E
6	7	3
3	1	8

H	Z	E
2	0	6
6	4	4

H	Z	E
5	3	9
2	0	7

H	Z	E
8	6	2
1	2	9

H	Z	E
1	2	5
4	5	5

H	Z	E
4	5	8
	1	8

H	Z	E
7	8	1
2	0	9

H	Z	E
	1	4
5	3	8

Ü 108

H Z E	H Z E	H Z E	H Z E	H Z E	H Z E	H Z E	H Z E
3 4 7	6 7 0	2 0 3	5 3 6	8 6 9	1 2 2	4 5 5	7 1 8
1 2 1	1 4	3 4 7	2 0 0	1 1 3	4 4 6	3 9	2 6 2
4 1 4	3 0 7	2 3 0	1 2 6	1 2	3 0 5	2 0 1	1 4

Ü 109

4 8 2	1 5 9	3 4 8	6 7 1	9 0 4	2 3 7	5 6 3	8 2 6
3 0 8	4 2 9	5 3 3	1 0 9	1 8	3 4 4	2 0 7	1 3 6

2 7 1	6 4 8	8 3 0	1 6 3	4 2 6	7 5 9	8 2	3 1 5
3 1 3	2 0	1 0 2	4 2 5	4 8	2 0 1	5 0 4	1 3 7
4 0 8	1 2 2	2 8	3 0 4	2 1 7	1 0	3 0 6	2 3 9

Mit Überschreitungen an der Zehnerstelle

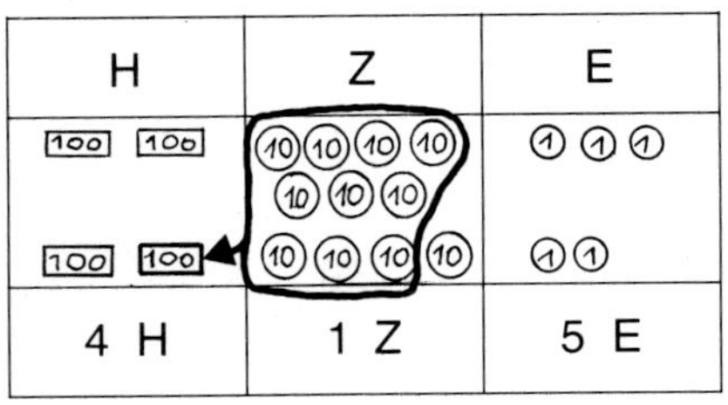

H	Z	E
2	7	3
1	4	2
4	1	5

Sprich!	Schreibe!
Einer: 2 + 3 = **5**	5
Zehner: 4 + 7 = **11**, das sind 1 Z und 1 H	1
Hunderter: 1 + 1 = 2, + 3 = **4**	4

Ü 110

H Z E	H Z E	H Z E	H Z E	H Z E	H Z E	H Z E	H Z E
5 3 6	8 6 9	1 9 2	4 2 5	7 5 8	8 1	3 1 4	6 4 7
3 7 1	6 0	3 9 3	2 8 2	1 7 1	4 3 4	9 0	2 8 2

Ü 111 Schreibe stellenwertgerecht untereinander und addiere in deinem Heft!

617 + 292	169 + 360	381 + 34 + 360
240 + 585	492 + 293	614 + 260 + 93
573 + 141	725 + 182	47 + 592 + 220
836 + 70	58 + 471	570 + 125 + 153

Mit Überschreitungen an der Einer- und Zehnerstelle

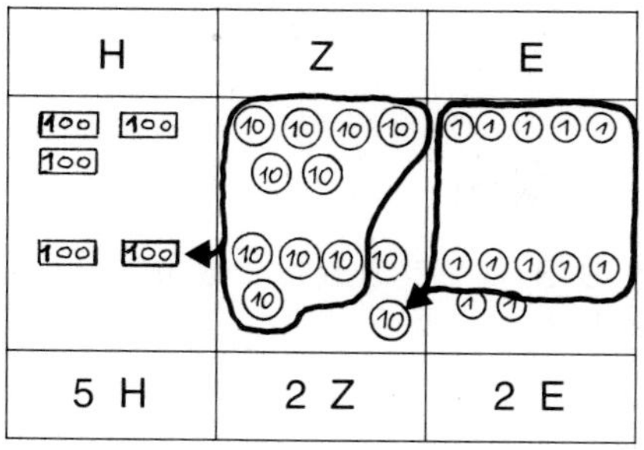

H	Z	E
3	6	5
1	5	7
5	2	2

Sprich!	Schreibe!
Einer: 7 + **3** = **12**, das sind 2 E und 1 Z	2
Zehner: 1 + 5 = 6, + 6 = **12**, das sind 2 Z und 1 H	2
Hunderter: 1 + 1 = 2, + 3 = **5**	5

Ü 112

H	Z	E
6	9	8
2	8	3

H	Z	E
2	2	1
5	9	9

H	Z	E
5	5	4
1	5	5

H	Z	E
8	8	7
	8	8

H	Z	E
1	1	3
3	9	7

H	Z	E
4	4	6
2	5	6

H	Z	E
7	7	9
1	8	9

H	Z	E
3	0	2
4	9	8

Ü 113

H	Z	E
6	3	5
	2	1
2	5	4

H	Z	E
2	6	8
3	5	4
1	8	7

H	Z	E
5	9	1
2	8	7
	1	3

H	Z	E
8	2	4
	1	0
	7	6

H	Z	E
1	5	7
3	4	3
3	0	9

H	Z	E
4	8	0
2	7	6
2	3	5

H	Z	E
7	1	3
1	0	9
	9	8

H	Z	E
	4	6
4	3	2
3	2	4

Ü 114 Schreibe stellenwertgerecht untereinander und addiere im Heft!

379 + 65	891 + 79	16 + 410 + 76
602 + 298	124 + 398	349 + 43 + 309
235 + 587	457 + 254	672 + 276 + 32
568 + 143	788 + 187	205 + 539 + 165

Überprüfe dich selbst!

T 3

1.

47	70	3	37	54	87	10	43
2	25	51	10	80	12	45	71
20	3	32	21	82	40	73	2

P.(8)

2.

25	58	51	44	73	96	29	52
31	24	17	10	12	45	78	1
15	8	4	17	87	10	5	69

P.(8)

3.

843	176	402	735	648	274	507	837
100	422	55	211	20	303	243	102
36	301	230	21	122	415	41	33

☐ P.(8)

4.

517	140	473	706	379	602	235	568
352	685	211	40	65	298	521	154
40	173	32	161	257	80	146	79

☐ P.(8)

5.

60	40	43	20				
3	76	64	36	68	133	303	32
14	2	77	36	500	244	423	273
23	30	3	85	311	153	54	494
36	2	10	94	121	435	215	165

☐ P.(8)

Punktesumme ☐ P. (40)
Durchschnittszeit: 10 min

Arbeitszeit: ☐ min

Gewinn: + ☐ P. (4 P./min)

Abzug: — ☐ P. (4 P./min)

Endstand: ☐ P.

Auswertungsschlüssel:

ab 41 P.: Meisterleistung
ab 37 P.: Ausgezeichnet
ab 30 P.: Eine gute Arbeit
ab 23 P.: Befriedigend (Übe das, was dir noch Schwierigkeiten macht!)
unter 23 P.: Du mußt noch üben!

Schriftliches Subtrahieren

Subtrahieren zweistelliger Zahlen

Ohne Überschreitungen

Berechne den Unterschied: 57
—34

Z	E
⑩⑩⑩ ⑩⑩	①①①①① ①①①
⑩⑩⑩	①①①①
2 Z	3 E

→

Z	E
5	7
— 3	4
2	3

Sprich!	Schreibe!
Einer: 4 plus wieviel gleich 7? 4 plus **3** gleich 7,	3
Zehner: 3 plus wieviel gleich 5? 3 plus **2** gleich 5	2

Beginne **immer** mit den Einern!
Die **Addition** ist die **Probe zur Subtraktion.**

Subtraktion: 57
— 34 } +
23

(57) — 34 → (23)
(57) ← + 34 (23)

Ü 115

Z	E	Z	E	Z	E	Z	E	Z	E	Z	E	Z	E	Z	E
8	3	4	6	7	9	3	2	6	5	9	8	2	4	5	7
—6	2	—2	3	—4	8	—1	1	—3	4	—5	4	—1	2	—3	2

Ü 116 Rechne die Subtraktionen aus! Suche unter den Ergebniszahlen die entsprechenden Buchstaben und übertrage sie in der Reihenfolge der Rechnungen in die Zeile: Lösungswort!

71	62	29	88	41	33	96	55	34
— 31	— 21	— 17	— 54	— 21	— 12	— 63	— 23	— 14

33	11	34	22	32	40	20	41	12	21
A	B	E	G	H	L	N	Ö	W	Z

Lösungswort: | | | | | | | | | |

Mit Überschreitung an der Einerstelle

51	4 plus wieviel gleich 1	⟶	geht nicht!	
— 34	4 plus wieviel gleich 11	⟶	geht!	

```
   11
  5 1̸
— 3̸4
   4
```

Wenn du oben 10 Einer dazugibst, mußt du unten 1 Zehner dazugeben, damit der Unterschied gleich bleibt.

Z	E
(10) (10) (10) (10) (10)	(1) (1) (1) (1) (1) (1) (1) (1) (1) (1) (1)
(10) (10) (10) (10)	(1) (1) (1) (1)
1 Z	7 E

⟶

Z	E
5	11 1̸
— 3̸ 4	4
1	7

Sprich!	Schreibe!
Einer: 4 plus wieviel = 11 4 plus **7** = 11	7
Zehner: 1 plus 3 = 4 4 plus wieviel = 5 4 plus **1** = 5	1

Ü 117

Z	E
7	1
—4	8

Z	E
6	2
—5	4

Z	E
2	2
—1	7

Z	E
8	8
—7	9

Z	E
4	1
—3	5

Z	E
3	3
—1	9

Z	E
9	6
—5	7

Z	E
5	5
—2	7

Ü 118

67	28	88	74	37	92	55	41
— 48	— 19	— 59	— 37	— 18	— 64	— 26	— 23

Mit Null in der unteren Zahl

Z	E
5	1
— 3	0
2	1

Sprich!	Schreibe!
Einer: 0 plus wieviel = 1 0 plus **1** = 1	1
Zehner: 3 plus wieviel = 5 3 plus **2** = 5	2

Ü 119

Mit Probe:

Z	E
6	7
—4	0

Z	E
2	8
—1	0

Z	E
8	8
—6	0

Z	E
7	4
—3	0

Z	E
3	7
—2	0

Z	E
9	9
—7	0

Z	E
5	5
—5	0

Z	E
1	1
—1	0

Ü 120 Wie heißt dieser Hase? Male die Felder mit den Ergebniszahlen an!
Der Name des Tieres wird sichtbar.

37	26	84	74	63	96	96	55	11	77	59	17
−20	−10	−60	−30	−30	−70	−20	−30	−10	−40	−20	−10

Mit Null in der oberen Zahl

Z	E
	10
5	~~0~~
−~~3~~	4
4	
1	6

Sprich!	Schreibe!
Einer: 4 plus wieviel = 10 4 plus **6** = 10	6
Zehner: 3 plus 1 = 4 4 plus wieviel = 5 4 plus **1** = 5	1

Ü 121 Mit Probe:

Z	E		Z	E		Z	E		Z	E		Z	E		Z	E		Z	E		Z	E
2	0		8	0		7	0		6	0		9	0		5	0		4	0		3	0
−1	6		−5	4		−3	4		−4	3		−6	6		−2	5		−2	1		−1	7

Ü 122

80	70	60	20	50	10	100	90
−52	−35	−48	−11	−24	− 7	− 83	−66

Ü 123

10	100	90	50	80	40	30	20
− 9	− 62	−55	−38	−61	−24	−17	−13

Subtrahieren dreistelliger Zahlen

Ohne Überschreitungen

Berechne den Unterschied:

```
  4 6 3
– 2 5 1
```

H	Z	E
100 100 100 100	10 10 10 10 10 10	1 1 1
100 100	10 10 10 10 10	1
2 H	1 Z	2 E

→

H	Z	E
4	6	3
−2	5	1
2	1	2

Sprich!	Schreibe!
Einer: 1 + ? = 3 1 + **2** = 3	2
Zehner: 5 + ? = 6 5 + **1** = 6	1
Hunderter: 2 + ? = 4 2 + **2** = 4	2

Vergiß die Additionsprobe nicht!

463 — (− 251) → 212

463 ← (+ 251) — 212

Ü 124

Mit Probe:

	H	Z	E
	6	3	7
−	4	1	6

	H	Z	E
	9	3	3
−	8	1	2

	H	Z	E
	2	6	3
−	1	3	2

	H	Z	E
	5	9	6
−	4	7	2

	H	Z	E
	8	2	9
−	6	1	6

	H	Z	E
	1	5	2
−	1	3	1

	H	Z	E
	3	1	1
−	2	1	1

Ü 125

Mit Probe:

963	266	596	829	152	485	744	777
−513	−254	−243	−713	−112	−364	−521	−432

Mit Überschreitung an der Einerstelle

Wenn du oben 10 Einer dazugibst, mußt du unten 1 Zehner dazugeben. damit der Unterschied gleich bleibt.

	H	Z	E
	4	6	~~8~~ 13
−	2	~~4~~	8
			5

H	Z	E
100 100 100 100	10 10 10 10 10 10	1 1 1 1 1 1 1 1 1 1 1 1 1
100 100	10 10 10 10 10	1 1 1 1 1 1 1 1
2 H	1 Z	5 E

→

H	Z	E
4	6	~~8~~ 13
−2	~~4~~ 5	8
2	1	5

Sprich!	Schreibe!
Einer: 8 + ? = 13 8 + **5** = 13	5
Zehner: 1 + 4 = 5 5 + ? = 6 5 + **1** = 6	1
Hunderter: 2 + ? = 4 2 + **2** = 4	2

Ü 126

Mit Probe:

	H	Z	E
	2	9	6
−	1	6	7

	H	Z	E
	5	9	2
−	4	7	5

	H	Z	E
	8	2	2
−	6	1	6

	H	Z	E
	1	5	5
−	1	3	8

	H	Z	E
	4	8	5
−	3	5	9

	H	Z	E
	7	4	8
−	5	1	9

	H	Z	E
	3	7	7
−	2	4	9

Ü 127

855	158	488	741	371	634	966	992	188	481	771	344
—427	—119	—239	—313	—144	—316	—728	—646	—129	—255	—436	—217

Mit Überschreitung an der Zehnerstelle

Wenn du oben 10 Zehner dazugibst,
mußt du unten 1 Hunderter dazugeben,
damit der Unterschied gleich bleibt.

	H	Z	E
	4	~~6~~ 16	3
—	~~2~~	8	1
	3		

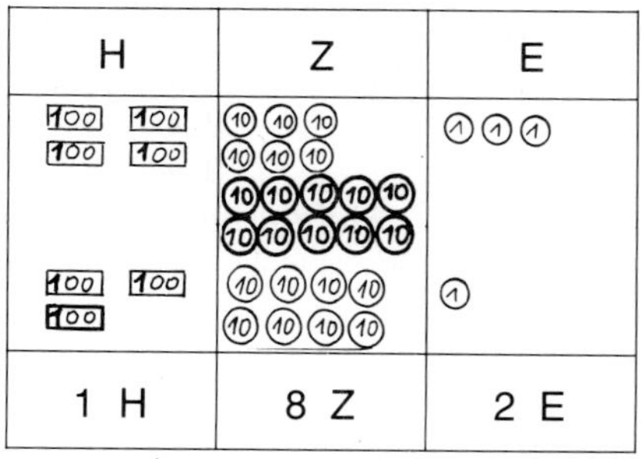

H	Z	E
4	~~6~~ 16	3
~~2~~ 3	8	1
1	8	2

Sprich!	Schreibe!
Einer: 1 + ? = 3 1 + **2** = 3	2
Zehner: 8 + ? = 16 8 + **8** = 16	8
Hunderter: 1 + 2 = 3 3 + ? = 4 3 + **1** = 4	1

Ü 128

Mit Probe:

	H	Z	E
	8	5	5
—	6	6	4

	H	Z	E
	1	5	8
—		7	7

	H	Z	E
	4	8	8
—	2	9	5

	H	Z	E
	7	1	1
—	5	2	1

	H	Z	E
	3	7	1
—	1	8	1

	H	Z	E
	6	3	4
—	4	5	3

	H	Z	E
	9	6	6
—	6	8	5

Ü 129

„Kreuzzahlenrätsel"

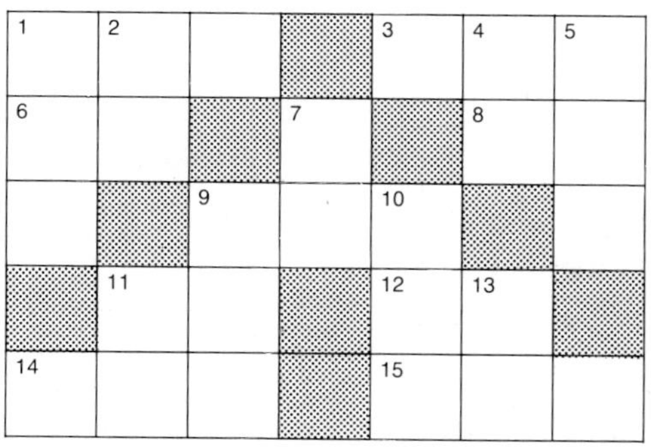

waagrecht: →

① 414 —231	③ 688 —294	⑥ 555 —482
⑧ 747 —691	⑨ 347 —166	⑪ 229 —141
⑫ 116 — 62	⑭ 815 —493	⑮ 633 —262

Senkrecht: ↓

① 714 —542	② 344 —261	④ 967 —872	⑤ 823 —361	⑦ 519 —491	⑨ 677 —495	⑩ 914 —761	⑪ 373 —291	⑫ 818 —771

Mit Überschreitungen an Einer- und Zehnerstelle:

H	Z	E
	16	13
4	~~6~~	~~3~~
− ~~2~~ 3	~~8~~ 9	8

Wenn du oben 10 Einer dazugibst, mußt du unten 1 Zehner dazugeben, wenn du oben 10 Zehner dazugibst, mußt du unten 1 Hunderter dazugeben, damit der Unterschied gleich bleibt.

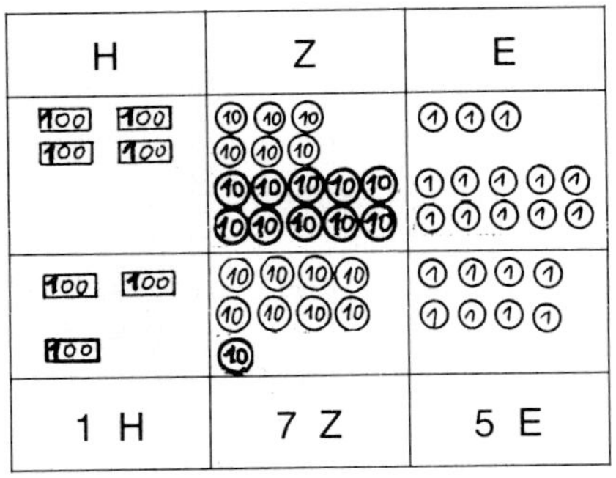

→

H	Z	E
4	16 ~~6~~	13 ~~3~~
~~2~~ 3	~~8~~ 9	8
1	7	5

Sprich!	Schreibe!
Einer: 8 + ? = 13 8 + **5** = 13	5
Zehner: 1 + 8 = 9 9 + ? = 16 9 + **7** = 16	7
Hunderter: 1 + 2 = 3 3 + ? = 4 3 + **1** = 4	1

Ü 130 Probe!

H	Z	E
4	1	1
− 2	2	3

H	Z	E
7	1	4
− 5	4	5

H	Z	E
3	4	4
− 1	6	7

H	Z	E
6	7	7
− 4	8	9

H	Z	E
9	6	7
− 6	7	8

H	Z	E
2	2	3
−	3	4

H	Z	E
5	5	2
− 3	6	4

Ü 131

377	673	933	266	556	882	418	441	633	936	266	522
—189	—284	—556	—178	—369	—493	—229	—253	—378	—597	—189	—245

Mit Nullen

513
—301
212

Sprich!	Schreibe!
1 + ? = 3, 1 + **2** = 3	2
0 + ? = 1, 0 + **1** = 1	1
3 + ? = 5, 3 + **2** = 5	2

Ü 132

3 7 7	6 7 3	9 3 3	2 6 6	5 5 6	8 8 9	1 1 8	1 4 1
— 2 0 3	— 1 4 0	— 5 0 0	— 1 0 8	— 3 7 0	— 4 0 0	— 1 0 9	— 1 1 0

500
—317
183

Sprich!	Schreibe!
7 + ? = 10, 7 + **3** = 10, bleibt 1	3
1 + 1 = 2, 2 + ? = 10, 2 + **8** = 10, bleibt 1	8
1 + 3 = 4, 4 + ? = 5, 4 + **1** = 5	1

Ü 133

600	906	260	500	809	110	400	404
− 264	− 483	− 115	− 379	− 523	− 84	− 267	− 156

593	
− 067	
526	

Denk dir eine Null dazu!

Sprich!	Schreibe!
7 + ? = 13, 7 + **6** = 13, bleibt 1, 1 + 6 = 7	6
7 + ? = 9, 7 + **2** = 9	2
0 + ? = 5, 0 + **5** = 5	5

Ü 134

633	936	266	599	889	112	441	474
− 58	− 14	− 70	− 36	− 92	− 69	− 25	− 81

Überprüfe dich selbst!

T 4

1.

59	26	52	85	45	26	52	85	
− 38	− 18	− 34	− 37	− 29	− 18	− 34	− 37	☐ P.(8)

2.

15	62	48	74	60	50	40	80	
− 10	− 30	− 20	− 40	− 29	− 35	− 14	− 61	☐ P.(8)

3.

377	627	932	263	633	936	266	591	
− 143	− 314	− 611	− 142	− 318	− 519	− 137	− 137	☐ P.(8)

4.

219	522	822	455	855	458	788	334	
− 86	− 231	− 541	− 173	− 569	− 169	− 499	− 168	☐ P.(8)

5.

488	784	844	377	219	522	822	455	
− 204	− 250	− 400	− 109	− 86	− 231	− 541	− 173	☐ P.(8)

Punktesumme ☐ P. (40)
Durchschnittszeit: 9 min

Arbeitszeit: ☐ min

Gewinn: + ☐ P. (4 P./min)

Abzug: − ☐ P. (4 P./min)

Endstand: ☐ P.

Auswertungsschlüssel:

ab 41 P.: Meisterleistung
ab 37 P.: Ausgezeichnet
ab 30 P.: Eine gute Arbeit
ab 23 P.: Befriedigend (Übe das, was dir noch Schwierigkeiten macht!)
unter 23 P.: Du mußt noch üben!

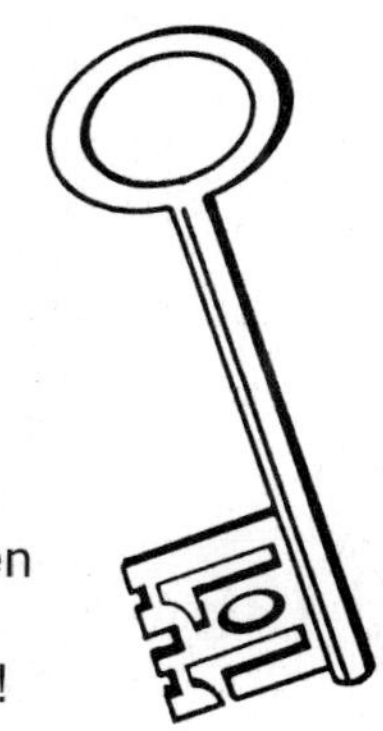

Mündliches Vervielfachen

Hilfen für das Einmaleins

Verdoppeln

	verdoppelt		verdoppelt	
2 mal	→	4 mal	→	8 mal
3 mal	→	6 mal		
5 mal	→	10 mal		

Verdoppelst du das Malsätzchen, verdopple auch das Ergebnis!

z. B.: 2 . 3 = 6 — verdoppelt / verdoppelt → 4 . 3 = 12 — verdoppelt / verdoppelt → 8 . 3 = 24

3 . 4 = 12 → 6 . 4 = 24

5 . 6 = 30 → 10 . 6 = 60

Halbieren

	halbiert		halbiert	
8 mal	→	4 mal	→	2 mal
6 mal	→	3 mal		
10 mal	→	5 mal		

Halbierst du das Malsätzchen, halbiere auch das Ergebnis.

z. B.: 8 . 5 = 40 — halbiert / halbiert → 4 . 5 = 20 — halbiert / halbiert → 2 . 5 = 10

6 . 7 = 42 → 3 . 7 = 21

10 . 8 = 80 → 5 . 8 = 40

Ü 135 Vergleiche die Zweierreihe mit der Viererreihe!

	1 mal	2 mal	3 mal	4 mal	5 mal	6 mal	7 mal	8 mal	9 mal	10 mal
2	2	4		8		12	14		18	20
4	4		12	16	20		28	32		40

Die Zahlen der Viererreihe sind das Doppelte der Zahlen der Zweierreihe.

Vertauschen
Alle Malsätzchen kann man auch umkehren, das heißt:
man kann die beiden Zahlen vertauschen. Das Ergebnis ändert sich damit nicht.

3 . 6 = 6 . 3 = 18

Besonders bei den Malsätzchen von 7 wird diese Hilfe gerne angewendet, da sie schwieriger zu merken sind als andere.

Ü 136

2 . 7 = 7 . 2 = ☐ 8 . 7 = ____ = ☐ 10 . 7 = ____ = ☐ 6 . 7 = ____ = ☐

5 . 7 = ____ = ☐ 4 . 7 = ____ = ☐ 3 . 7 = ____ = ☐ 9 . 7 = ____ = ☐

Zerlegen

3 mal	=	2 mal	+	1 mal
6 mal	=	5 mal	+	1 mal
7 mal	=	5 mal	+	2 mal
7 mal	=	8 mal	—	1 mal
9 mal	=	10 mal	—	1 mal

oder

Ü 137

3 . 8 = 2 . 8 + 1 . 8 =	16	+	8	=	
6 . 8 = 5 . 8 + 1 . 8 =	40	+	8	=	
7 . 8 = 5 . 8 + 2 . 8 =		+		=	
7 . 8 = 8 . 8 — 1 . 8 =		—		=	
9 . 8 = 10 . 8 — 1 . 8 =		—		=	

Einmaleins-Trainingsaufgaben

Ü 138

2 . 10 + 5 =	10 . 3 — 7 =	2 . 7 + 8 =	7 . 7 — 9 =
8 . 10 + 1 =	6 . 3 — 3 =	5 . 7 + 6 =	10 . 7 — 1 =
4 . 10 + 7 =	2 . 3 — 1 =	8 . 7 + 4 =	3 . 7 — 2 =
3 . 10 + 6 =	5 . 3 — 8 =	1 . 7 + 3 =	6 . 7 — 7 =
9 . 10 + 2 =	4 . 3 — 9 =	4 . 7 + 3 =	9 . 7 — 10 =

Ü 139

Vergleiche die Sechserreihe mit der Dreierreihe!

	1 mal	2 mal	3 mal	4 mal	5 mal	6 mal	7 mal	8 mal	9 mal	10 mal
3	3		9			18	21		27	
6	6	12		24		36		48		

Ü 140

5 . 10 — 8 =	1 . 10 — 4 =	3 . 3 + 10 =
7 . 10 — 10 =	6 . 10 — 9 =	9 . 3 + 6 =
10 . 10 — 3 =	2 . 10 — 5 =	5 . 3 + 2 =

Ü 141

Gleich (=) oder ungleich (≠). Setze das entsprechende Zeichen ein!

3 . 4		2 . 6	4 . 6		8 . 3	8 . 2		4 . 4	4 . 9		6 . 6
4 . 7		3 . 9	6 . 2		4 . 3	2 . 9		3 . 6	6 . 5		10 . 3
5 . 8		10 . 4	7 . 5		8 . 4	8 . 7		7 . 8	6 . 8		7 . 7

Ü 142

15 = ☐ . 3	30 = 5 . ☐	24 = ☐ . 8
24 = ☐ . 6	56 = 8 . ☐	16 = 8 . ☐
25 = ☐ . 5	27 = 3 . ☐	☐ = 9 . 7
49 = ☐ . 7	18 = 6 . ☐	21 = ☐ . 3
36 = ☐ . 4	30 = 6 . ☐	35 = 7 . ☐
18 = ☐ . 9	40 = 4 . ☐	☐ = 9 . 9

Ü 143

Eine Einmaleins-Tabelle

•	4	7	3	6	9	2	5	8
4								
9								
8								
6								

Ü 144

Berechne den Unterschied U!

		U
8 . 7 ☐	8 . 9 ☐	
2 . 4 ☐	3 . 9 ☐	
4 . 9 ☐	8 . 7 ☐	
9 . 9 ☐	2 . 7 ☐	

		U
5 . 9 ☐	9 . 8 ☐	
7 . 7 ☐	2 . 5 ☐	
7 . 9 ☐	9 . 4 ☐	
8 . 5 ☐	4 . 7 ☐	

Ü 145

4 . 5 + 6 . 4 = ☐

☐ ☐

8 . 2 + 8 . 3 = ☐

7 . 4 + 4 . 5 = ☐

8 . 5 + 4 . 9 = ☐

7 . 3 + 10 . 2 = ☐

8 . 6 — 9 . 3 = ☐

☐ ☐

10 . 8 — 9 . 3 = ☐

8 . 9 — 7 . 2 = ☐

10 . 9 — 8 . 3 = ☐

7 . 8 — 8 . 4 = ☐

Ü 146 Weitere Einmaleins-Tabellen:

•					
5	20				35
7		21			
3			27		
2				10	

•	2	8		4	7
4					
2					
			81		
				12	

Ü 147

6 . 4	8 . 7	9 . 3	6 . 9	8 . 8	9 . 5	8 . 2	8 . 6	9 . 4	7 . 7	7 . 3	8 . 9	4 . 8	7 . 5	9 . 2

54	21	56	45	18	49	27	48	32	64	16	24	35	72	36
M	K	I	L	G	S	N	I	N	A	E	E	I	Ö	N

Einmaleins-Spiele

„Einmaleins-Schwarzer Peter"

Schreibe folgende 20 Einmaleinssätzchen auf Karten!

3 . 4	3 . 6	4 . 5	3 . 8	5 . 6	6 . 6	4 . 4	5 . 8	9 . 8	8 . 7
2 . 6	9 . 2	2 . 10	6 . 4	3 . 10	4 . 9	8 . 2	10 . 4	8 . 9	7 . 8

Wie du siehst, ergeben je 2 Karten das gleiche Ergebnis. Die Spielregel ist wie bei „Schwarzer Peter". Kartenpaare mit demselben Ergebnis werden abgelegt. Wer zum Schluß eine Restkarte hat, ist „Schwarzer Peter". Dazu muß vor dem Spiel eine Karte gezogen werden und aus dem Spiel genommen werden. Dadurch ist bei jedem Spiel eine andere Karte der „Schwarze Peter".

Einmaleins-Memory

Du kannst die Kärtchen verwenden, die du beim Spiel „Einmaleins-Schwarzer Peter" hergestellt hast. Mische sie gut und lege sie verkehrt auf den Tisch! Spielregel wie bei Memory.
Du deckst eine Karte auf, sagst das Sätzchen und das Ergebnis, ebenso eine zweite Karte. Haben beide Karten das gleiche Ergebnis, kannst du sie dir nehmen und spielst weiter. Haben sie verschiedene Ergebnisse, drehst du sie wieder um, und der nächste Spieler ist an der Reihe.
Je mehr du dir merkst, desto größer sind deine Chancen.

Sieger ist, wer die meisten Kärtchen hat.

„Einmaleins-Schnapser“

Alle Einmaleinsrechnungen werden auf Karten geschrieben

z. B.: | 4 . 8 | | 7 . 9 | | 3 . 2 | | 2 . 7 |

Die Karten werden an die Mitspieler gleichmäßig verteilt. Ein Spieler spielt eine Karte aus und muß dazu sprechen. Z. B.: 4 . 8 = 32.
Die Mitspieler müssen diese Karte „stechen“, d. h. eine Karte mit höherem Ergebnis auf den Tisch legen und ebenfalls das Einmalein-Sätzchen sagen. Wer mit der höchsten Zahl gestochen hat, darf alle Karten des Stiches bei sich ablegen und eine neue Karte ausspielen. Wer die meisten Stiche hat ist Sieger.

Heiß — warm — kalt

Ein Mitspieler A notiert heimlich eine Einmaleinszahl auf einem Blatt und legt dieses umgekehrt auf den Tisch. Die anderen Mitspieler versuchen, die Zahl durch Einmaleinssätzchen zu erraten. Wenn einer mit seiner Rechnung der Zahl auf ± 10 nahe kommt, sagt A „warm“, falls er auf ±5 herankommt „heiß“.

z. B.: Zu ratende Zahl: 27

Mitspieler raten:	
8 . 7 = 56	A: kalt
3 . 4 = 12	A: kalt
4 . 9 = 36	warm
3 . 10 = 30	heiß
7 . 4 = 28	heiß
3 . 9 = 27	verbrannt

Das Zehnereinmaleins

6 . 30 = ☐

1. Weg: 6 . 30 = 6 . 3 Z = 18 Z = 180

2. Weg:

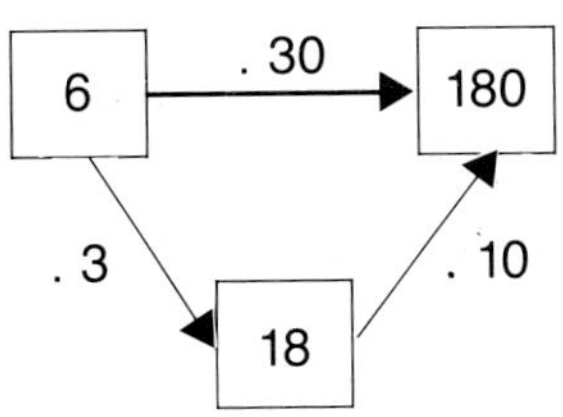

3. Weg: 6 . 3 = 18
6 . 30 = 180

Ü 148

6 . 60 = 6 . 6 Z = ☐ Z = ☐

5 . 40 =

3 . 50 =

7 . 20 =

Ü 149

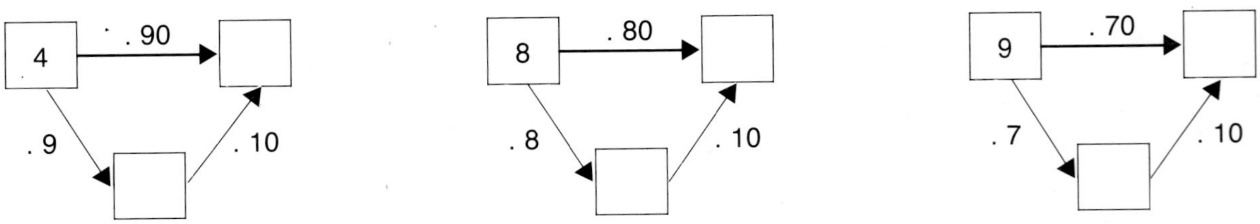

Ü 150

7 . 3 =	5 . 9 =	9 . 8 =	2 . 7 =
7 . 30 =	5 . 90 =	9 . 80 =	2 . 70 =
7 . 6 =	3 . 5 =	8 . 4 =	4 . 2 =
7 . 60 =	3 . 50 =	8 . 40 =	4 . 20 =

Ü 151

Fasse geschickt zusammen, so daß du das Zehnereinmaleins anwenden kannst!

5 . 4 . 7 =	2 . 5 . 9 =	3 . 5 . 8 =
5 . 6 . 6 =	3 . 4 . 5 =	5 . 2 . 6 =

Malnehmen von gemischten Zehnerzahlen

6 . 12 = ☐	3 . 48 = ☐
6 . 10 = 60	3 . 40 = 120
6 . 2 = 12	3 . 8 = 24
6 . 12 = 72	3 . 48 = 144

Vervielfache zuerst die reinen Zehner, dann die Einer! Die Zwischenergebnisse addiere! Du kannst die Zwischenergebnisse anschreiben.

z. B.: 6 . 12 =
60 + 12 = 72

3 . 48 =
120 + 24 = 144

Du kannst dir die Zwischenergebnisse aber auch merken und im Kopf addieren.

Ü 152

Du kannst ein Übungsheft benützen oder alles im Kopf ausrechnen.

8 . 86 =	4 . 78 =
7 . 52 =	8 . 35 =
3 . 18 =	2 . 48 =
6 . 21 =	6 . 98 =
5 . 19 =	9 . 97 =
9 . 64 =	5 . 83 =

Ü 153

Welche Ergebnisse von A findest du auch in B?
Verbinde die entsprechenden Kästchen mit einem Strich!

A	B
6 . 39 =	4 . 95 =
3 . 56 =	9 . 26 =
8 . 42 =	4 . 87 =
5 . 76 =	9 . 19 =
7 . 64 =	7 . 48 =

T5 *Überprüfe dich selbst!*

1.

•	5	2	9	3	8	6	4	7
5								
2								
3								

☐ P.(24)

2. Gleich (=) oder ungleich (≠)?
Setze das entsprechende Zeichen ein!

5 . 4	☐	3 . 7	3 . 9	☐	7 . 4	8 . 3	☐	6 . 4
2 . 6	☐	3 . 4	8 . 4	☐	5 . 6	7 . 8	☐	9 . 6
9 . 8	☐	10 . 7	6 . 6	☐	4 . 9	4 . 7	☐	6 . 5

☐ P.(9)

3.

24 = ☐ . 4 40 = 5 . ☐ ☐ = 3 . 6

28 = ☐ . 7 18 = 2 . ☐ ☐ = 8 . 7

42 = ☐ . 6 36 = 9 . ☐ ☐ = 6 . 8

☐ P.(9)

4. Berechne den Unterschied U!

		U
4 . 9 ☐	7 . 4 ☐	
5 . 6 ☐	2 . 7 ☐	

		U
9 . 8 ☐	3 . 9 ☐	
8 . 4 ☐	6 . 6 ☐	

☐ P.(12)

5.

4 . 7 + 7 . 8 = ☐ 9 . 5 — 3 . 6 = ☐

5 . 9 + 2 . 4 = ☐ 8 . 3 — 6 . 2 = ☐

☐ P.(12)

6.

4 . 17 = ☐ 2 . 45 = ☐ 8 . 24 = ☐

7 . 19 = ☐ 9 . 72 = ☐ 6 . 66 = ☐

5 . 18 = ☐ 3 . 53 = ☐ 4 . 37 = ☐

☐ P.(9)

7.

4 . 70 = ☐ 9 . 2 . 5 = ☐

7 . 90 = ☐ 5 . 4 . 3 = ☐

5 . 50 = ☐ 8 . 5 . 6 = ☐

2 . 80 = ☐ 9 . 6 . 5 = ☐ ☐ P.(8)

Punktesumme ☐ P. (83)
Durchschnittszeit: 11 min

Arbeitszeit: ☐ min

Gewinn: + ☐ P. (7 P./min)

Abzug: — ☐ P. (7 P./min)

Endstand: ☐ P.

Auswertungsschlüssel:

ab 84 P.: Meisterleistung
ab 77 P.: Ausgezeichnet
ab 63 P.: Eine gute Arbeit
ab 49 P.: Befriedigend (Übe das, was dir noch Schwierigkeiten macht!)
unter 49 P.: Du mußt noch üben!

Schriftliches Vervielfachen (Multiplizieren mit einstelligen Zahlen)

Multiplizieren ohne Überschreitungen

Zehnerzahlen

32 . 3 = ☐

Z	E	
10 10 10	1 1	. 3
10 10 10 10 10 10 10 10 10	1 1 1 1 1 1	
9	6	

Z	E	
3	2	. 3
9	6	

Sprich!	Schreibe!
Einer: 3 mal 2 gleich **6**	6
Zehner: 3 mal 3 gleich **9**	9

Schreib stellenwertgerecht untereinander. Einer unter E, Zehner unter Z!

Hunderterzahlen

243 . 2 = ☐

H	Z	E	
100 100	10 10 10 10	1 1 1	. 2
100 100 100 100	10 10 10 10 10 10 10 10	1 1 1 1 1 1	
4	8	6	

H	Z	E	
2	4	3	. 2
4	8	6	

Sprich!	Schreibe!
E: 2 mal 3 gleich **6**	6
Z: 2 mal 4 gleich **8**	8
H: 2 mal 2 gleich **4**	4

Beginne immer mit den Einern!
Schreib stellenwertgerecht untereinander. Einer unter E, Zehner unter Z, Hunderter unter H!

Ü 154 Multipliziere schriftlich!

Z E 3 4 . 2	Z E 2 1 . 3	Z E 1 3 . 3	Z E 2 2 . 4
H Z E 1 2 1 . 4	H Z E 3 4 2 . 2	H Z E 2 0 3 . 3	H Z E 2 1 1 . 4

Ü 155 Multipliziere im Übungsheft die inneren Blütenblätter mit den mittleren und schreib die Ergebnisse in die äußeren! Such die Ergebnisse im Blütenboden und male die entsprechenden Felder mit Buntstift aus!

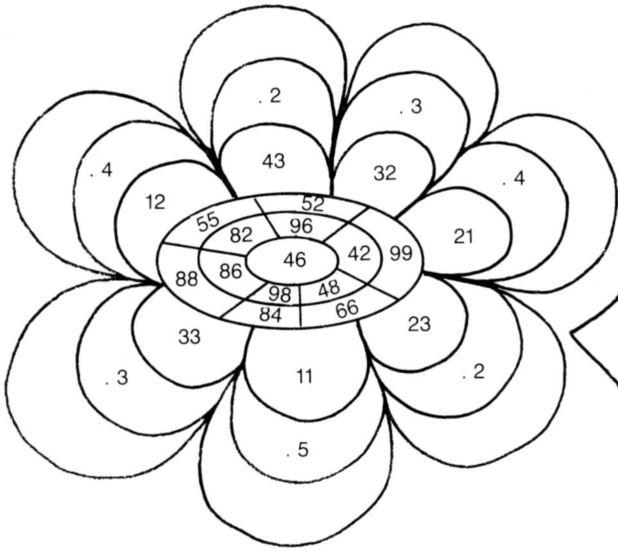

Multiplikationen mit Überschreitungen

Überschreiten der Zehnerstelle

Zehnerzahlen

32 . 4 = ☐

H	Z	E	
	(10) (10) (10)	(1) (1)	. 4
100 ←	(10) (10) (10) (10) (10) (10) (10) (10) (10) (10) (10) (10)	(1) (1) (1) (1) (1) (1) (1) (1)	
	12	8	
1	2	8	

H	Z	E	
	3	2	. 4
1	2	8	

Sprich!	Schreibe!
E: 4 mal 2 gleich **8**	8
Z: 4 mal 3 gleich **12**	2
H:	1

Du mußt wechseln!
10 Z ergeben 1 H.

Ü 156

73 . 3	31 . 5	63 . 2	92 . 3
31 . 8	62 . 4	94 . 2	51 . 9

Hunderterzahlen

264 . 2 = ☐

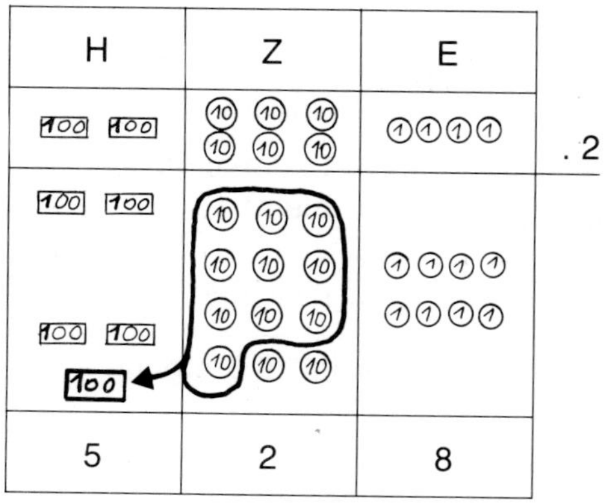

H	Z	E	
2	6	4	. 2
5	2	8	

Sprich!	Schreibe!
E: 2 mal 4 gleich **8**	8
Z: 2 mal 6 gleich **12, bleibt 1.**	2
H: 2 mal 2 gleich 4. plus 1 gleich **5**	5

> Du mußt wechseln!
> 10 Z ergeben 1 H.

Ü 157

H Z E 2 3 2 . 4	H Z E 1 6 1 . 5	H Z E 2 7 3 . 3	H Z E 1 2 1 . 7
1 4 1 . 6	4 7 3 . 2	1 5 0 . 4	1 9 1 . 5

Ü 158

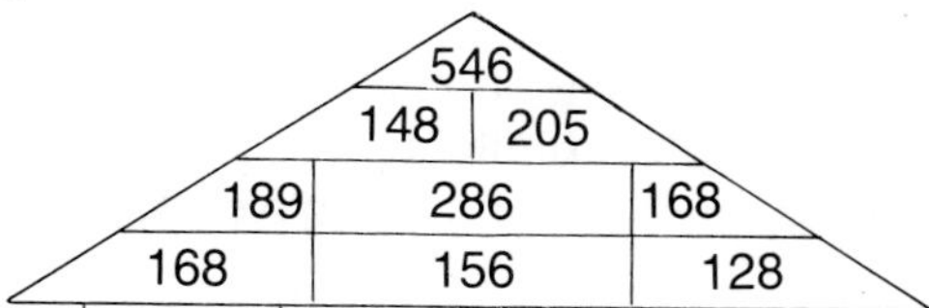

32	. 4	=
63	. 3	=
91	. 6	=
52	. 3	=
84	. 2	=
42	. 4	=
74	. 2	=
41	. 5	=

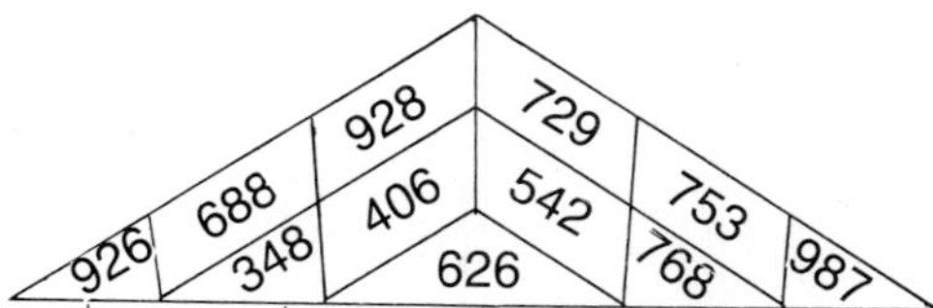

243	. 3	=
172	. 4	=
384	. 2	=
232	. 4	=
141	. 7	=
174	. 2	=
251	. 2	=
463	. 2	=

Multipliziere im Übungsheft und übertrage die Ergebnisse!
Such die Ergebnisse im Dach und male die entsprechenden Felder mit Rotstift aus!

Überschreiten der Einerstelle

Zehnerzahlen

24 . 3 = ☐

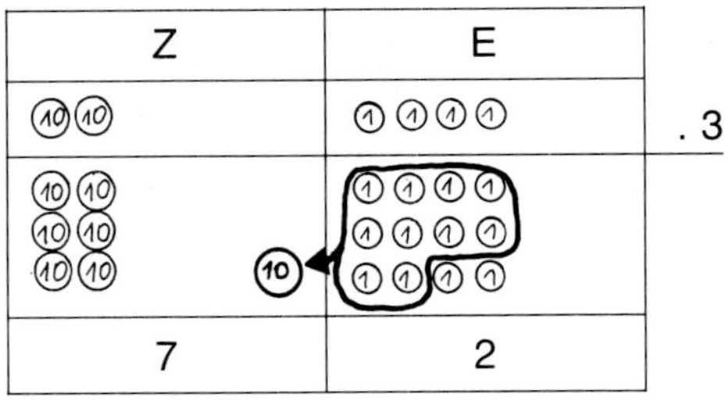

Z	E	
2	4	. 3
7	2	

Sprich!	Schreibe!
E: 3 mal 4 gleich **12,** **bleibt 1**	2
Z: 3 mal 2 gleich 6, plus 1 gleich **7**	7

Du mußt wechseln! 10 E ergeben 1 Z.

Ü 159

Multipliziere schriftlich!

Z E	Z E	Z E	Z E	Z E
4 8 . 2	2 4 . 4	1 8 . 5	3 9 . 2	2 7 . 3
1 6 . 4	1 5 . 5	2 9 . 3	4 7 . 2	2 3 . 4

Hunderterzahlen

213 . 4 = ☐

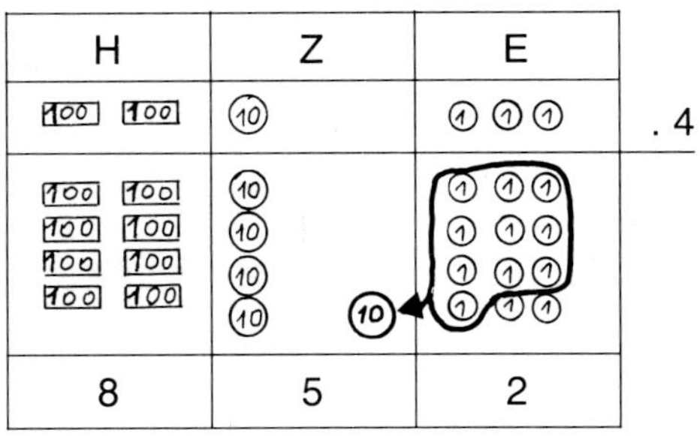

H	Z	E	
2	1	3	. 4
8	5	2	

Sprich!	Schreibe!
E: 4 mal 3 gleich **12,** **bleibt 1**	2
Z: 4 mal 1 gleich 4, plus 1 gleich **5**	5
H: 4 mal 2 gleich **8**	8

Du mußt wechseln! 10 E ergeben 1 Z.

Ü 160

H Z E	H Z E	H Z E	H Z E
1 1 7 . 5	4 3 9 . 2	3 2 6 . 3	2 2 4 . 4
1 0 9 . 6	2 1 7 . 3	3 0 8 . 2	1 0 8 . 7

Ü 161

Multipliziere im Übungsheft und übertrage die Ergebnisse E! Suche unter der Ergebniszahl den entsprechenden Buchstaben und übertrage ihn in die Zeile LW (Lösungswort)!
Streiche den übertragenen Buchstaben unten durch!

	19 . 5	35 . 2	29 . 3	46 . 2	18 . 4	27 . 3	26 . 2
E							
LW							

228 . 3	114 . 7	437 . 2	335 . 2	118 . 5	209 . 4	17 . 4	56 . 8	16 . 3

87	81	798	590	68	70	52	670	448	72	836	92	48	874	684	95
C	I	E	C	N	I	G	E	E	T	H	H	T	R	G	R

Überschreiten der Einer- und Zehnerstelle:

Zehnerzahlen:

34 . 3 = ☐

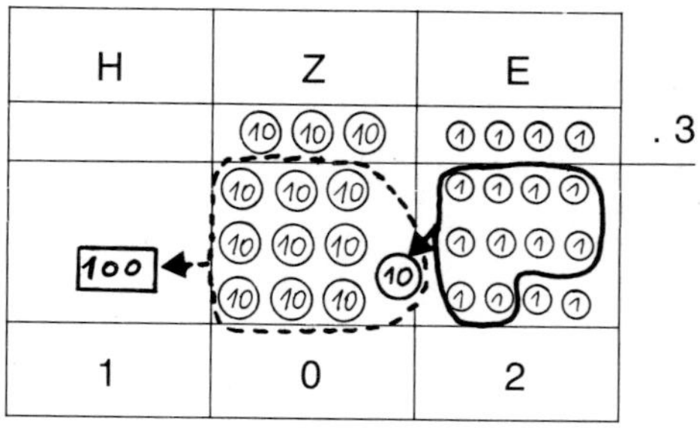

H	Z	E	
	3	4	. 3
1	0	2	

Sprich!	Schreibe!
E: 3 mal 4 gleich **12**, **bleibt 1**.	2
Z: 3 mal 3 gleich 9, plus 1 gleich **10**	0
H:	1

Ü 162

7 8 . 8   8 3 . 4   2 4 . 7   3 5 . 5   5 6 . 4

5 8 . 2   3 9 . 8   5 2 . 6   6 9 . 3   1 7 . 9

Hunderterzahlen

256 . 2 = ☐

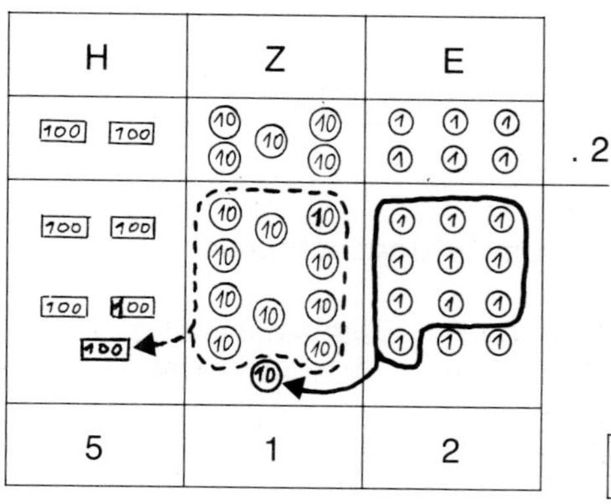

H	Z	E	
2	5	6	. 2
5	1	2	

Sprich!	Schreibe!
E: 2 mal 6 gleich **12**, **bleibt 1**.	2
Z: 2 mal 5 gleich 10, plus 1 gleich **11**, **bleibt 1**.	1
H: 2 mal 2 gleich 4, plus 1 gleich **5**	5

Du mußt wechseln! 10 E ergeben 1 Z. 10 Z ergeben 1 H.

Ü 163

H Z E
1 4 6 . 6   H Z E
2 4 7 . 3   H Z E
4 5 8 . 2   H Z E
2 8 4 . 3   H Z E
1 9 5 . 4

Ü 164 Wie heißt dieses Tier? Multipliziere im Übungsheft und übertrage die Ergebnisse! Male die Felder mit den Ergebniszahlen an! Der Name des Tieres wird sichtbar.

79 . 2 =	84 . 4 =	278 . 3 =
47 . 8 =	37 . 5 =	186 . 4 =
65 . 6 =	144 . 6 =	152 . 5 =
76 . 3 =	245 . 3 =	128 . 7 =
18 . 9 =	469 . 2 =	

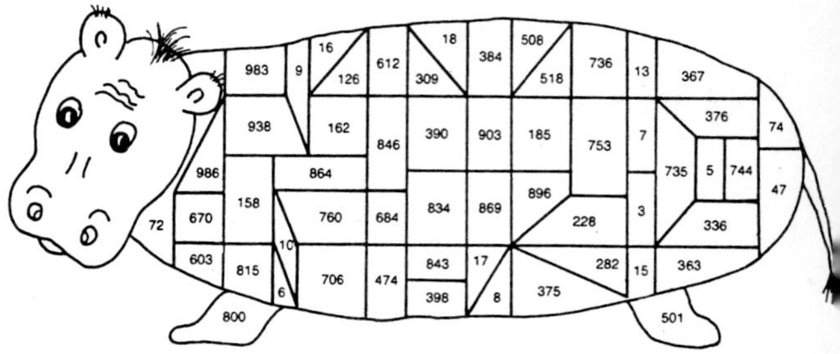

T 6 *Überprüfe dich selbst!*

1.	42 . 2	33 . 3	21 . 4	11 . 5	P.(4)
2.	122 . 4	332 . 2	211 . 3	202 . 4	P.(4)
3.	51 . 8	82 . 4	71 . 9	64 . 2	P.(4)
4.	241 . 4	191 . 5	263 . 3	141 . 7	P.(4)
5.	49 . 2	17 . 4	19 . 5	28 . 3	P.(4)
6.	119 . 5	428 . 2	319 . 3	213 . 4	P.(4)
7.	79 . 2	52 . 8	73 . 6	84 . 3	P.(4)
8.	157 . 6	258 . 3	469 . 2	136 . 4	P.(4)

Punktesumme ☐ P. (32)
Durchschnittszeit: 6 min

Arbeitszeit: ☐ min

Gewinn: + ☐ P. (5 P./min)

Abzug: — ☐ P. (5 P./min)

Endstand: ☐ P.

Auswertungsschlüssel:

ab 33 P.: Meisterleistung
ab 30 P.: Ausgezeichnet
ab 24 P.: Eine gute Arbeit
ab 18 P.: Befriedigend (Übe das, was dir noch Schwierigkeiten macht!)
unter 18 P.: Du mußt noch üben!

Mündliches Teilen und Messen

Die Inreihen als Umkehrung des Einmaleins

Ü 165

2 : 2 =	12 : 2 =	3 : 3 =	18 : 3 =
4 : 2 =	14 : 2 =	6 : 3 =	21 : 3 =
6 : 2 =	16 : 2 =	9 : 3 =	24 : 3 =
8 : 2 =	18 : 2 =	12 : 3 =	27 : 3 =
10 : 2 =	20 : 2 =	15 : 3 =	30 : 3 =
4 : 4 =	24 : 4 =	5 : 5 =	30 : 5 =
8 : 4 =	28 : 4 =	10 : 5 =	35 : 5 =
12 : 4 =	32 : 4 =	15 : 5 =	40 : 5 =
16 : 4 =	36 : 4 =	20 : 5 =	45 : 5 =
20 : 4 =	40 : 4 =	25 : 5 =	50 : 5 =
6 : 6 =	36 : 6 =	7 : 7 =	42 : 7 =
12 : 6 =	42 : 6 =	14 : 7 =	49 : 7 =
18 : 6 =	48 : 6 =	21 : 7 =	56 : 7 =
24 : 6 =	54 : 6 =	28 : 7 =	63 : 7 =
30 : 6 =	60 : 6 =	35 : 7 =	70 : 7 =
8 : 8 =	48 : 8 =	9 : 9 =	54 : 9 =
16 : 8 =	56 : 8 =	18 : 9 =	63 : 9 =
24 : 8 =	64 : 8 =	27 : 9 =	72 : 9 =
32 : 8 =	72 : 8 =	36 : 9 =	81 : 9 =
40 : 8 =	80 : 8 =	45 : 9 =	90 : 9 =

10 : 10 =	60 : 10 =
20 : 10 =	70 : 10 =
30 : 10 =	80 : 10 =
40 : 10 =	90 : 10 =
50 : 10 =	100 : 10 =

Die Insätzchen schreibt man mit dem Divisionszeichen (:) auf.
40 : 10 = 4
Sprich: 10 in 40 gleich 4 mal
Probe: 4 . 10 = 40

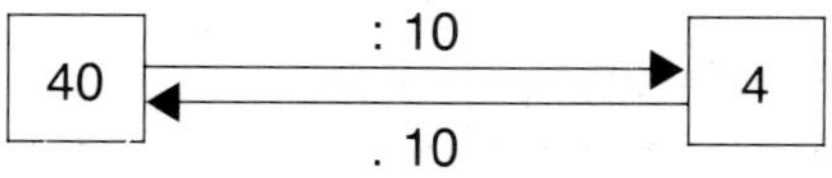

Insätzchen mit Rest

Damit dir die Insätzchen mit Rest leichter fallen, beachte folgendes!
Suche die Einmaleinszahl in der benötigten Malreihe, die am nächsten unter deiner Ausgangszahl liegt!

z. B. 42 : 5 = ☐ 40 ist die Fünferzahl, die am nächsten unter 42 liegt.

Nun bestimmst du, wie oft 5 in 40 enthalten ist: 5 in 40 gleich 8 mal!
Der Unterschied zwischen 40 und 42 ist dann der Rest: 2

42 : 5 = **8**
2 R (Rest)

Sprich! 5 in 42 gleich **8** mal, **2** Rest
denn: 8 . 5 = 40, 40 + 2 = 42

Ü 166

42 : 5 = ☐ ☐	21 : 2 = ☐ ☐	26 : 4 = ☐ ☐	74 : 8 = ☐ ☐
46 : 5 = ☐ ☐	13 : 2 = ☐ ☐	37 : 4 = ☐ ☐	45 : 8 = ☐ ☐
14 : 5 = ☐ ☐	15 : 2 = ☐ ☐	15 : 4 = ☐ ☐	81 : 8 = ☐ ☐

Ü 167

14 : 3 = ☐ ☐	40 : 6 = ☐ ☐	83 : 9 = ☐ ☐	24 : 7 = ☐ ☐
19 : 3 = ☐ ☐	2 : 6 = ☐ ☐	59 : 9 = ☐ ☐	48 : 7 = ☐ ☐
4 : 3 = ☐ ☐	13 : 6 = ☐ ☐	80 : 9 = ☐ ☐	30 : 7 = ☐ ☐

Trainingsaufgaben

Ü 168

Gleich (=) oder ungleich (≠)? Setze das entsprechende Zeichen ein!

50 : 10	☐	25 : 5	56 : 7	☐	70 : 10
12 : 2	☐	28 : 4	40 : 5	☐	16 : 2
64 : 8	☐	24 : 3	12 : 4	☐	24 : 8
12 : 6	☐	18 : 9	12 : 3	☐	24 : 6
63 : 9	☐	42 : 7	90 : 10	☐	18 : 2
40 : 8	☐	36 : 6	42 : 7	☐	30 : 5

Ü 169

Größer (>) oder kleiner (<) oder gleich (=)? Setze das entsprechende Zeichen ein!

36 : 9	☐	3	8	☐	14 : 2	28 : 4	☐	24 : 6
45 : 5	☐	10	3	☐	35 : 7	45 : 9	☐	40 : 5
30 : 3	☐	8	6	☐	90 : 10	18 : 6	☐	20 : 5
32 : 4	☐	6	9	☐	54 : 9	20 : 4	☐	30 : 6
42 : 6	☐	9	1	☐	6 : 3	3 : 3	☐	6 : 2
48 : 8	☐	5	10	☐	54 : 6	56 : 8	☐	56 : 7

Ü 170

14 : 2	40 : 5	32 : 8	5 : 1	4 : 4	21 : 7	20 : 10	24 : 3	12 : 6	90 : 9	12 : 2	10 : 5	45 : 5

Lösungswort

1	2	3	4	5	6	7	8	9	10
A	E	G	I	M	N	P	R	T	CH

Schlüssel

Ü 171

42 : 7 = ☐	36 : 4 = ☐	63 : 9 = ☐	40 : 5 = ☐	6 : 1 = ☐
24 : 6 = ☐	54 : 9 = ☐	24 : 8 = ☐	3 : 3 = ☐	15 : 3 = ☐
50 : 5 = ☐	80 : 10 = ☐	14 : 7 = ☐	14 : 2 = ☐	0 : 7 = ☐

Ü 172

Male aus und schreibe die Rechnungen auf!
Bei jeder Blume bleibt eine Zahl über. Die 3 Zahlen ergeben wieder eine Rechnung.

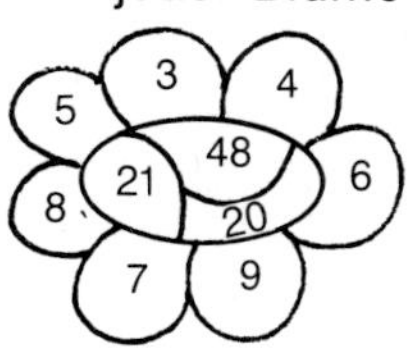

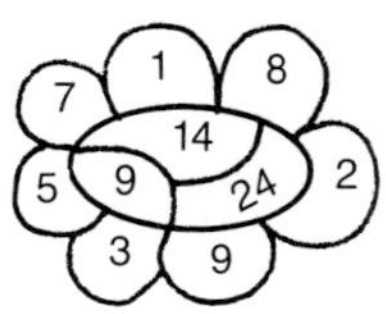

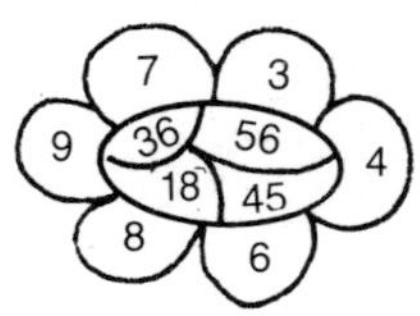

21 : 7 = 3   ___ : ___ = ___   ___ : ___ = ___

___ : ___ = ___   ___ : ___ = ___   ___ : ___ = ___   ___ : ___ = ___

___ : ___ = ___   ___ : ___ = ___   ___ : ___ = ___

T 7 *Überprüfe dich selbst!*

1.

12 : 2 = ☐ 16 : 8 = ☐ 32 : 4 = ☐ 40 : 10 = ☐ 60 : 6 = ☐

45 : 5 = ☐ 5 : 1 = ☐ 7 : 7 = ☐ 21 : 3 = ☐

P.(9)

2.

7 = 28 : ☐ 9 = 54 : ☐ 1 = ☐ : 8 ☐ = 16 : 4 ☐ = 18 : 3

6 = 6 : ☐ 8 = ☐ : 7 4 = ☐ : 9 ☐ = 27 : 9

P.(9)

3. Gleich (=) oder ungleich (≠)? Setze das entsprechende Zeichen ein!

90 : 10 ☐ 45 : 5 | 72 : 8 ☐ 40 : 4 | 30 : 6 ☐ 28 : 7 | 54 : 9 ☐ 15 : 3

P.(12)

4. Größer (>) oder kleiner (<)? Setze das entsprechende Zeichen ein!

20 : 2 ☐ 9 1 ☐ 10 : 5 28 : 7 ☐ 56 : 8

90 : 10 ☐ 10 0 ☐ 6 : 6 24 : 4 ☐ 45 : 9

P.(14)

5.

24 : 3 + 2 : 2 = ☐ 64 : 8 — 28 : 4 = ☐

100 : 10 + 15 : 5 = ☐ 54 : 9 — 3 : 3 = ☐

P.(12)

6. Mit Rest:

18 : 5 = ☐ R. 68 : 7 = ☐ R. 21 : 4 = ☐ R. 38 : 6 = ☐ R. 23 : 8 = ☐ R. 79 : 9 = ☐ R.

P.(12)

Punktesumme [ ] P. (68)
Durchschnittszeit: 6 min

Arbeitszeit: [ ] min

Gewinn: + [ ] P. (11 P./min)

Abzug: — [ ] P. (11 P./min)

Endstand: [ ] P.

Auswertungsschlüssel:

ab 69 P.:	Meisterleistung
ab 63 P.:	Ausgezeichnet
ab 51 P.:	Eine gute Arbeit
ab 39 P.:	Befriedigend (Übe das, was dir noch Schwierigkeiten macht!)
unter 39 P.:	Du mußt noch üben!

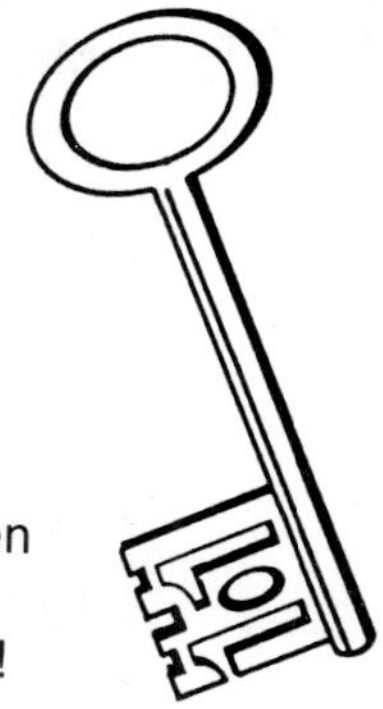

Schriftliches Dividieren durch einstellige Zahlen

Der Divisor ist in jeder Stellenwerteinheit restlos enthalten.

Zehnerzahlen

69 : 3 = [ ]

Z	E		Z	E
6	9	: 3 =	2	3
0	9			

Sprich!	Schreibe!
Zehner: 3 in 6 gleich **2** mal	2
2 mal 3 gleich 6,	
plus **0** gleich 6,	0
nächste Stelle **9** herab	9
Einer: 3 in 9 gleich **3** mal	3
3 mal 3 gleich 9,	
plus **0** gleich 9	0

Die **Multiplikation** ist die **Probe zur Division.**

Division: 69 : 3 = 23
Probe: 23 . 3 = 69

69 → : 3 → 23
69 ← . 3 ← 23

Ü 173 Dividiere schriftlich!
Mache zu jeder Division die Probe! Arbeite im Übungsheft!

Z E	Z E	Z E	Z E	Z E	Z E
8 2 : 2 =	[ ] [ ]	5 5 : 5 =	[ ] [ ]	8 4 : 4 =	[ ] [ ]
9 3 : 3 =	[ ]	7 7 : 7 =	[ ]	6 8 : 2 =	[ ]

Ü 174

Dividiere im Übungsheft und übertrage die Ergebnisse!
Male die Felder mit den Ergebniszahlen an!

39 : 3 =	69 : 3 =
66 : 2 =	48 : 4 =
84 : 4 =	88 : 2 =
55 : 5 =	64 : 2 =
88 : 4 =	86 : 2 =
93 : 3 =	48 : 2 =

25	11	20	
46	21	31	41
33	10	13	
42	24	43	40
14	22	30	
36	44	32	45
12	34	23	

Hunderterzahlen

693 : 3 = ☐

H	Z	E
6	9	3
0	9	
	0	3
		0

: 3 =

H	Z	E
2	3	1

Probe: 231 . 3
693

Sprich!		Schreibe!
Hunderter:	3 in 6 gleich **2** mal	2
	2 mal 3 gleich 6,	
	plus **0** gleich 6,	0
	nächste Stelle **9** herab	9
Zehner:	3 in 9 gleich **3** mal	3
	3 mal 3 gleich 9,	
	plus **0** gleich 9,	0
	nächste Stelle **3** herab	3
Einer:	3 in 3 gleich **1** mal	1
	1 mal 3 gleich 3,	
	plus **0** gleich 3	0

Ü 175

Dividiere schriftlich!
Mache zu jeder Division die Probe! Arbeite im Übungsheft!

H Z E	H Z E	H Z E	H Z E	H Z E	H Z E
4 8 8 : 4 =	☐☐☐	4 8 6 : 2 =	☐☐☐	9 3 3 : 3 =	☐☐☐
2 4 8 : 2 =	☐	3 6 9 : 3 =	☐	8 4 8 : 4 =	☐

Ü 176

Dividiere im Übungsheft und übertrage die Ergebnisse E! Suche unter der Ergebniszahl den entsprechenden Buchstaben und übertrage ihn in die Zeile LW (Lösungswort)!

	242 : 2	488 : 4	828 : 2	363 : 3	624 : 2	639 : 3
E						
LW						

844 : 4	963 : 3	884 : 2	284 : 2	996 : 3

448 : 2	366 : 3	936 : 3

633 : 3	244 : 2	864 : 2	555 : 5	664 : 2	488 : 4	693 : 3

321	414	442	224	122	213	142	432	211	312	231	111	332	121
A	B	C	D	E	G	H	I	M	N	R	S	T	U

Der Divisor ist im höchsten Stellenwert nicht restlos enthalten

Zehnerzahlen

42 : 3 = ☐

Z	E
4	2
1	2
	0

: 3 =

Z	E
1	4

Probe: 14 . 3
42

Sprich!	Schreibe!
Zehner: 3 in 4 gleich **1** mal	1
1 mal 3 gleich 3,	1
plus **1** gleich 4,	
nächste Stelle **2** herab	2
Einer: 3 in 12 gleich **4** mal	4
4 mal 3 gleich 12,	
plus **0** gleich 12	0

Ü 177 Dividiere schriftlich! Mache zu jeder Division die Probe! Arbeite im Übungsheft!

Z E	Z E	Z E	Z E	Z E	Z E
7 2 : 2 =	☐☐	7 5 : 5 =	☐☐	6 4 : 4 =	☐☐
4 8 : 3 =	☐	8 4 : 7 =	☐	5 8 : 2 =	☐

Hunderterzahlen

546 : 3 = ☐

H	Z	E
5	4	6
2	4	
	0	6
		0

: 3 =

H	Z	E
1	8	2

Probe: 182 . 3
546

Sprich!	Schreibe!
Hunderter: 3 in 5 gleich **1** mal	1
1 mal 3 gleich 3,	
plus **2** gleich 5,	2
nächste Stelle **4** herab	4
Zehner: 3 in 24 gleich **8** mal	8
8 mal 3 gleich 24,	
plus **0** gleich 24,	0
nächste Stelle **6** herab	6
Einer: 3 in 6 gleich **2** mal	2
2 mal 3 gleich 6,	
plus **0** gleich 6	0

Ü 178 Dividiere im Übungsheft und schreibe die Ergebnisse in die inneren Felder (unter die Angabe)! Such die Ergebnisse in der mittleren Scheibe und male die entsprechenden Felder mit Buntstift aus!

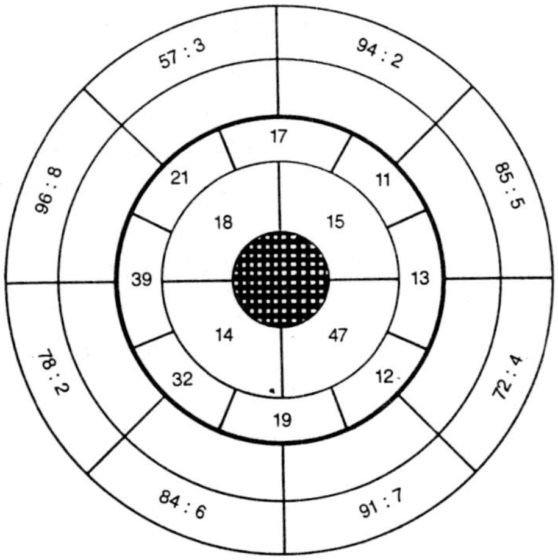

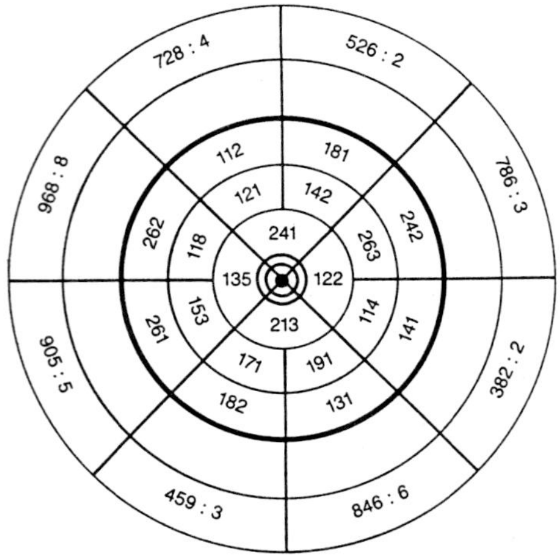

Der Divisor ist nicht in jeder Stellenwerteinheit restlos enthalten

672 : 3 = ☐

H	Z	E		H	Z	E
6	7	2	: 3 =	2	2	4
0	7					
	1	2				
		0				

Probe: 224 . 3
672

Sprich!		Schreibe!
Hunderter:	3 in 6 gleich **2** mal 2 mal 3 gleich 6, plus **0** gleich 6, nächste Stelle **7** herab	2 0 7
Zehner:	3 in 7 gleich **2** mal 2 mal 3 gleich 6, plus **1** gleich 7, nächste Stelle **2**, herab	2 1 2
Einer:	3 in 12 gleich **4** mal 4 mal 3 gleich 12, plus **0** gleich 12	4 0

Ü 179

H Z E	H Z E	H Z E	H Z E	H Z E	H Z E
8 6 4 : 4 =	☐☐☐	5 7 5 : 5 =	☐☐☐	9 2 4 : 6 =	☐☐☐
5 3 7 : 3 =	☐	9 1 6 : 2 =	☐	8 7 5 : 7 =	☐
9 0 4 : 8 =	☐	6 3 6 : 4 =	☐	8 0 4 : 6 =	☐
3 3 4 : 2 =	☐	8 9 6 : 8 =	☐	9 2 5 : 5 =	☐

Der Divisor ist im höchsten Stellenwert nicht enthalten

237 : 3 = ☐

H	Z	E
2	3	7
	2	7
		0

: 3 =

Z	E
7	9

Probe: 79 . 3
237

Sprich!		Schreibe!
Hunderter:	3 ist in 2 nicht enthalten aber in 23	⌐
Zehner:	3 in 23 gleich **7** mal 7 mal 3 gleich 21, plus **2** gleich 23, nächste Stelle **7** herab	7 2 7
Einer:	3 in 27 gleich **9** mal 9 mal 3 gleich 27, plus **0** gleich 27	9 0

Ü 180 Dividiere im Übungsheft und schreibe die Ergebnisse unter den Strich im Kästchen!
Je zwei Ergebnisse sind gleich. Verbinde die gleichen Ergebnisse mit Strichen!

432 : 6

282 : 3

576 : 8

344 : 4

602 : 7

470 : 5

136 : 2

171 : 3

612 : 9

342 : 6

Divisionen mit Nullen im Quotienten

918 : 3 = ☐

H	Z	E
9	1	8
0	1	8
		0

: 3 =

H	Z	E
3	0	6

Probe: 306 . 3
918

Sprich!		Schreibe!
Hunderter:	3 in 9 gleich **3** mal 3 mal 3 gleich 9, plus **0** gleich 9, nächste Stelle **1** herab	3 0 1
Zehner:	3 in 1 gleich **0** mal nächste Stelle **8** herab	0 8
Einer:	3 in 18 gleich **6** mal 6 mal 3 gleich 18, plus **0** gleich 18	6 0

Ü 181 Dividiere schriftlich! Mache zu jeder Division die Probe! Arbeite im Übungsheft!

H Z E	H Z E	H Z E	H Z E	H Z E	H Z E
5 3 5 : 5 =	☐☐☐	9 2 7 : 9 =	☐☐☐	6 1 8 : 2 =	☐☐☐
6 4 2 : 6 =		8 5 6 : 8 =		8 3 2 : 4 =	
7 6 3 : 7 =		6 2 1 : 3 =		9 8 1 : 9 =	
6 2 4 : 6 =		4 0 8 : 4 =		5 1 0 : 5 =	

Divisionen mit Rest

827 : 3 = ☐

Probe: Du mußt den Rest der Division dazuzählen.

H	Z	E		H	Z	E
8	2	7	: 3 =	2	7	5
2	2					
	1	7				
		2	R (Rest)			

$$\begin{array}{r} 275 \cdot 3 \\ \hline 825 \end{array} \qquad \begin{array}{r} 825 \\ +\ 2 \\ \hline 827 \end{array}$$

Ü 182 Dividiere im Übungsheft und übertrage die Ergebnisse und Reste (R.)! Male die Pilze mit den Ergebniszahlen an! Der Restbetrag steht im Stil. Paß auf, es sind drei Pilze zu viel!

2 8 9 : 9 =		R.	4 8 5 : 3 =		R.
3 9 1 : 5 =		R.	5 5 4 : 8 =		R.
6 2 9 : 7 =		R.	3 9 5 : 4 =		R.
6 2 4 : 5 =		R.	2 2 1 : 8 =		R.
1 0 3 : 6 =		R.	4 3 9 : 6 =		R.
8 7 7 : 2 =		R.	5 1 2 : 9 =		R.

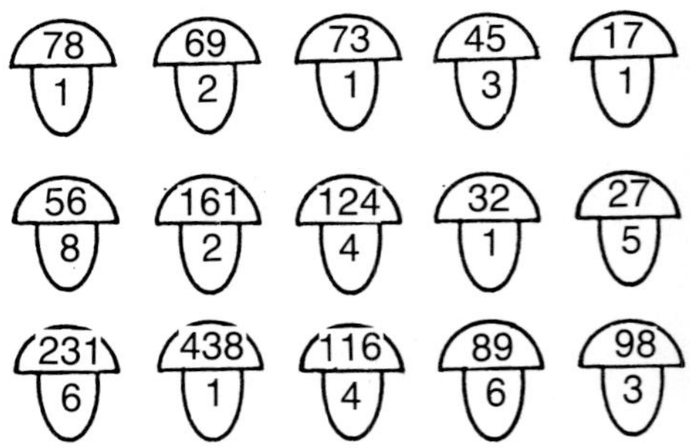

T 8 *Überprüfe dich selbst!*

1. 96 : 3 = 84 : 2 = 484 : 4 = 396 : 3 = 58 : 2 = ☐ P.(5)

2. 85 : 5 = 528 : 4 = 819 : 3 = 756 : 6 = 472 : 2 = ☐ P.(5)

3. 861 : 7 = 608 : 4 = 544 : 8 = 295 : 5 = 378 : 9 = ☐ P.(5)

4. 144 : 6 = 520 : 5 = 742 : 7 = 963 : 9 = 814 : 2 = ☐ P.(5)

5. Achtung! Rest!

289 : 8 = 391 : 6 = 629 : 4 = 438 : 7 = 985 : 3 = ☐ P.(5)

Punktesumme ☐ P. (25)
Durchschnittszeit: 8 min

Arbeitszeit: ☐ min

Gewinn: + ☐ P. (3 P./min)

Abzug: — ☐ P. (3 P./min)

Endstand: ☐ P.

Auswertungsschlüssel:

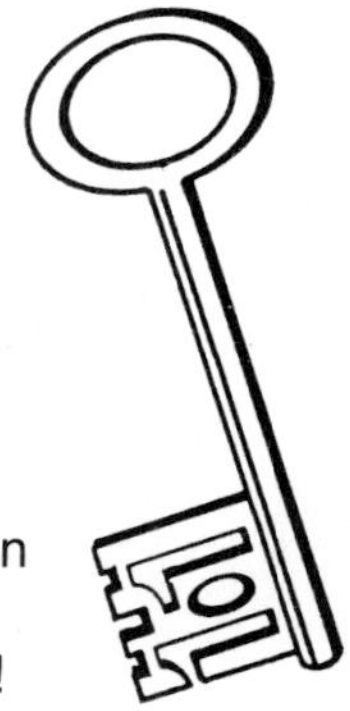

ab 26 P.:	Meisterleistung
ab 23 P.:	Ausgezeichnet
ab 19 P.:	Eine gute Arbeit
ab 15 P.:	Befriedigend (Übe das, was dir noch Schwierigkeiten macht!)
unter 15 P.:	Du mußt noch üben!

Größen

Längen

Ü 183 Miß die Längen dieser Gegenstände!
Strecken messen

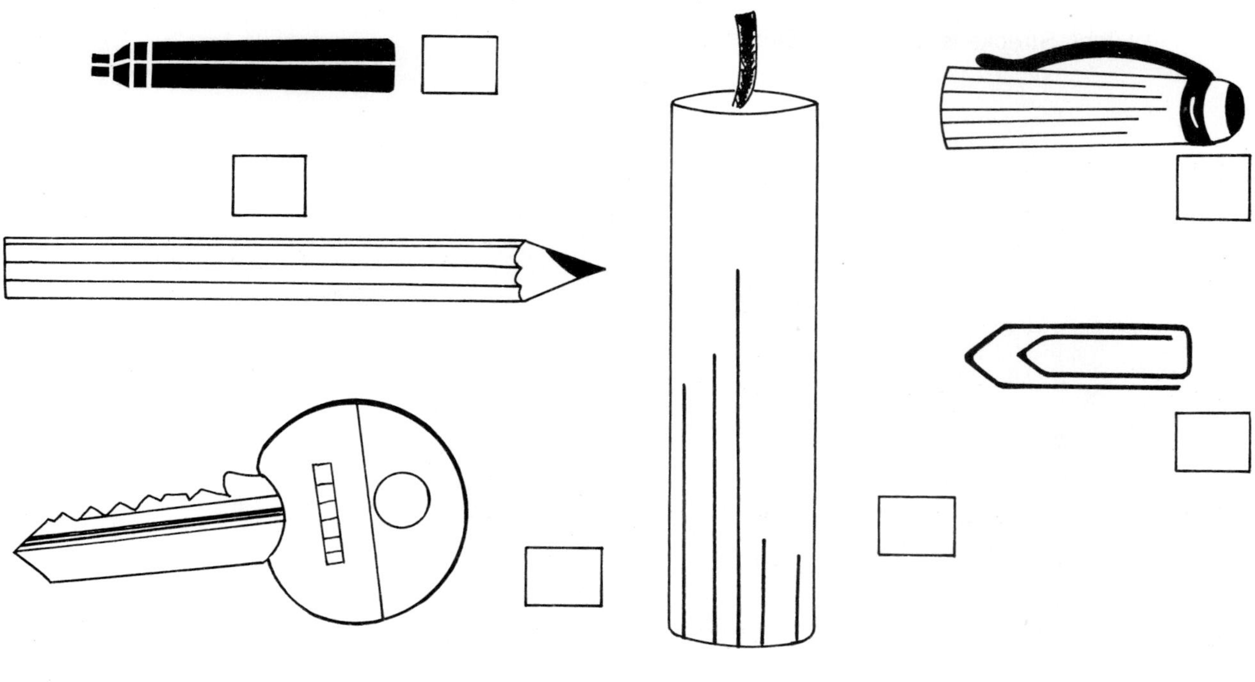

Ü 184

Miß die Längen dieser Strecken! Trag die Längen in die Tabelle ein!

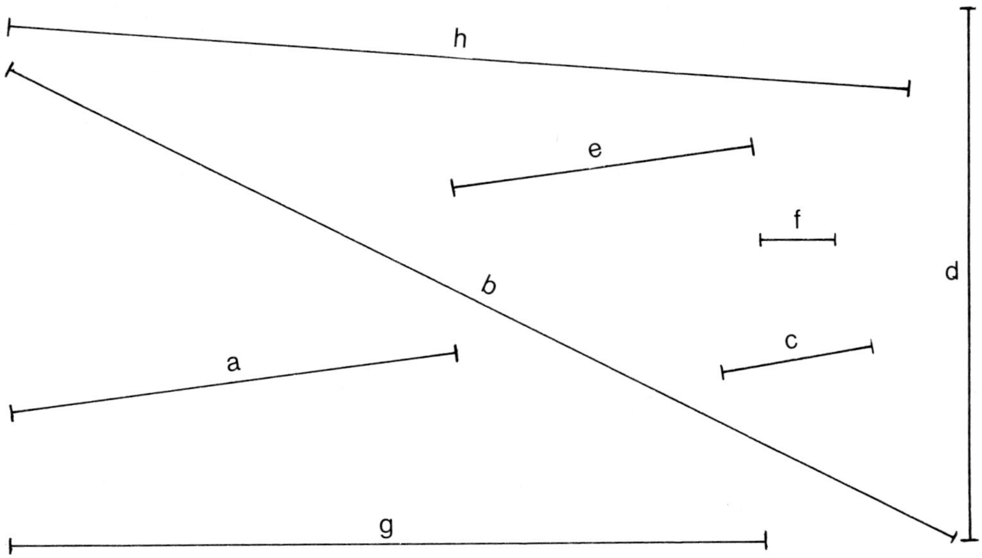

Strecke	Länge
a	
b	
c	
d	
e	
f	
g	
h	

Welche Strecken sind länger als die Strecke d? ______________

Welche ist die längste Strecke? ______________

Welche Strecken sind länger als die Strecke g? ______________

Welche Strecke ist doppelt so lang wie die Strecke a? ______________

Welche Strecke ist genau halb so lang wie die Strecke h? ______________

Welche Strecke ist genau siebenmal so lang wie die Strecke c? ______________

Welche Strecke ist genau ein Drittel der Strecke h? ______________

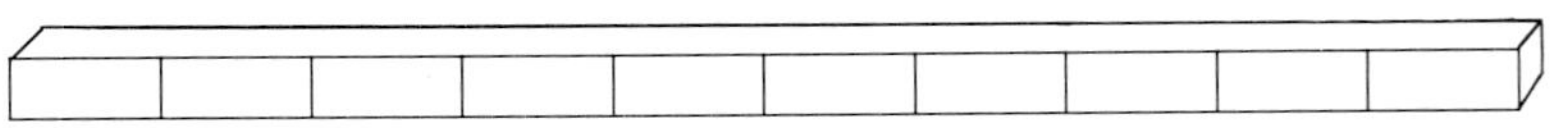

1 dm = 10 cm

1 dm
ist etwa eine Spannlänge

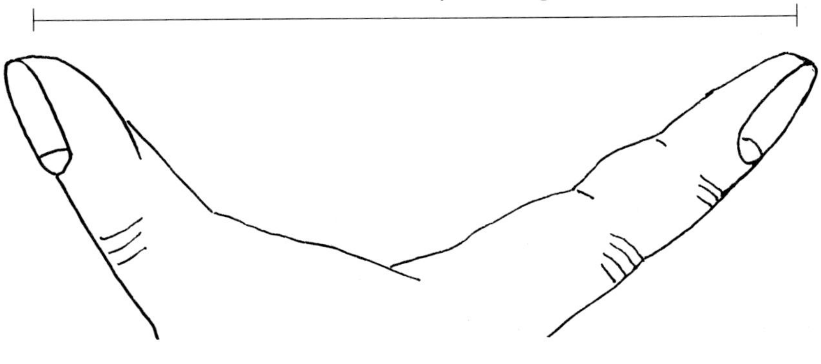

1 cm
ist etwa die Breite des Daumens

Ü 185

Miß mit Spanne und Zeigefinger ab!
Kontrolliere diese Messungen dann mit einem Maßband!

	Hand		Maßband	
	Spanne	Daumen	dm	cm
Länge eines neuen Bleistiftes				
Länge des Tisches an dem du arbeitest				
Breite dieses Buches				
Breite deiner Federschachtel				
Länge eines 20-S-Scheines				
Länge deines Armes vom Ellbogen bis zu den Fingerspitzen				
______				
______				

Suche selbst weitere Beispiele!

Ü 186

Berechne!

2 dm 5 cm = _____ cm
1 dm 8 cm = _____ cm
5 dm = _____ cm
3 dm 7 cm = _____ cm
6 dm 2 cm = _____ cm
4 dm = _____ cm
10 dm = _____ cm

28 cm = _____ dm _____ cm
36 cm = _____ dm _____ cm
20 cm = _____ dm _____ cm
57 cm = _____ dm _____ cm
10 cm = _____ dm _____ cm
23 cm = _____ dm _____ cm
8 cm = _____ dm _____ cm

Setze ein! <, > oder =

3 dm 5 cm _____ 1 dm 8 cm
7 cm _____ 2 dm
1 dm 4 cm _____ 14 cm
2 dm 8 cm _____ 8 dm 2 cm
5 cm _____ 5 dm
3 dm _____ 30 cm
1 dm 5 cm _____ 16 cm

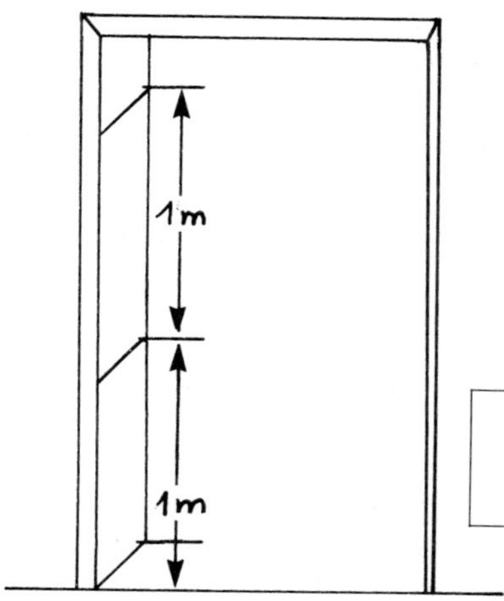

1 m = 10 dm
1 m = 100 cm

Ü 187

Bastle dir einen Meterstab (Haselnußstock, Leiste, . . .)!

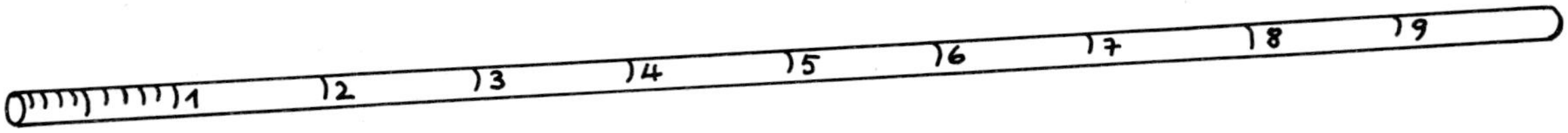

Schnitze bei jedem Dezimeter eine Kerbe oder zeichne einen Strich dorthin! Im ersten Dezimeter zeichnest du die Zentimeter auch ein. Schätzt verschiedene Längen und miß sie dann nach!

	geschätzt	gemessen
Breite des Fensters		
Länge des Vorhanges		
Höhe deiner Zimmertür		
Länge deines Bettes		
Größe der Mutter		

Ü 188

Berechne mit Hilfe des Meterstabes!

2 m = ____ dm	2 m = ____ cm	125 cm = ___ m ___ dm ___ cm
5 m 4 dm = ____ dm	1 m 5 dm = ____ cm	250 cm = ___ m ___ dm ___ cm
3 m 5 dm = ____ dm	1 m 5 dm 3 cm = ____ cm	336 cm = ___ m ___ dm ___ cm
1 m 8 dm = ____ dm	4 dm = ____ cm	85 cm = ___ m ___ dm ___ cm
4 m = ____ dm	2 m 8 dm = ____ cm	205 cm = ___ m ___ dm ___ cm
2 m 5 dm = ____ dm	1 m 5 cm = ____ cm	400 cm = ___ m ___ dm ___ cm

1 mm

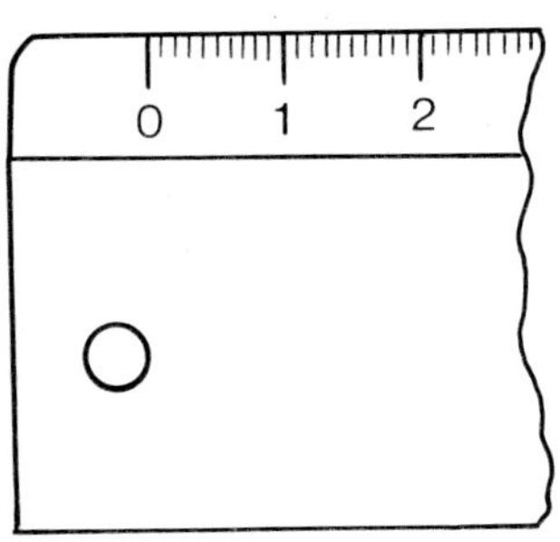

1 cm = 10 mm
1 dm = 100 mm
1 m = 1 000 mm

Ein dicker Bleistiftstrich ist cirka 1 mm breit.

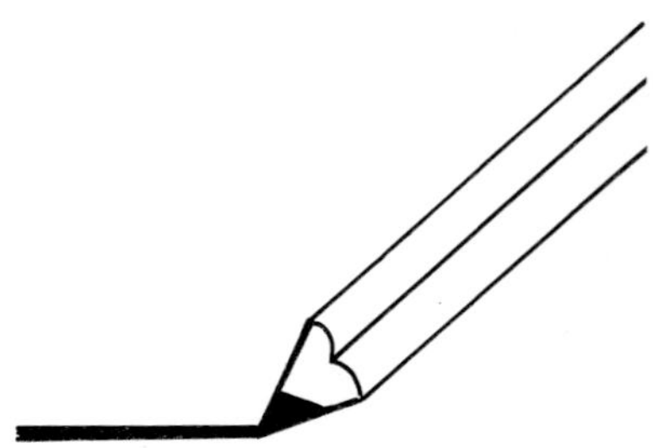

Ü 189 Schätze zuerst die Längen folgender Gegenstände und kontrolliere die Schätzung mit einem Lineal!

	geschätzt		gemessen	
	Daumenbreiten	Bleistiftstärken	cm	mm
Länge einer 5-S-Briefmarke				
Breite einer 5-S-Briefmarke				
Durchmesser einer 10-S-Münze				

Ü 190 Berechne!

3 cm 5 mm = _____ mm	38 mm = _____ cm _____ mm	38 cm = _____ dm _____ cm
8 cm = _____ mm	42 mm = _____ cm _____ mm	45 mm = _____ cm _____ mm
4 cm 6 mm = _____ mm	60 mm = _____ cm _____ mm	60 dm = _____ m _____ dm
1 dm = _____ mm	37 mm = _____ cm _____ mm	45 cm = _____ dm _____ cm
2 cm 8 mm = _____ mm	100 mm = _____ cm _____ mm	100 cm = _____ m _____ dm
1 cm 5 mm = _____ mm	5 mm = _____ cm _____ mm	43 mm = _____ cm _____ mm

Ü 191 Verbinde gleich lange Strecken!

3 m

5 dm

30 cm

500 cm

30 dm

$\frac{1}{2}$ m

5 m

50 dm

3 dm

300 cm

300 mm

50 cm

Ü 192

Verwandle die vorgegebenen Maße! In der nebenstehenden Tabelle findest du die richtigen Antworten. Trag sie mit dem Buchstaben in das Verwandlungsrad ein! Es ergibt sich ein Lösungswort.

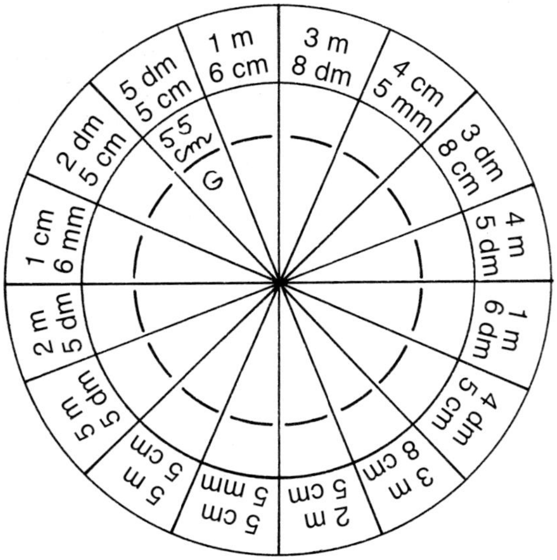

55 cm	G	25 dm	H
38 dm	*	505 cm	Ü
45 dm	B	205 cm	*
308 cm	T	45 cm	I
55 mm	T	16 dm	E
55 dm	C	45 mm	A
16 mm	T	38 cm	R
25 cm	I	106 cm	E

Ü 193 Wieviel cm sind?

3 m =

2 dm =

5 dm =

5 m =

3 dm 5 cm =

1 m 2 dm =

40 mm =

1 m 1 dm 1 cm =

Ü 194 Wieviel mm sind?

5 cm =

1 dm =

3 cm =

1 m =

1 dm 5 cm =

15 cm =

1 dm 1 cm =

50 cm =

Ü 195 Wieviel dm sind?

2 m =

5 m =

10 m =

2 m 5 dm =

30 cm =

100 cm =

150 cm =

1 m 50 cm =

Wenn du einen Kilometer wanderst, brauchst du cirka eine Viertelstunde. Wenn ein Autofahrer hundert Stundenkilometer fährt, braucht er 36 Sekunden für 1 km.

1 km = 1 000 m

Ü 196

Ordne zu!

länger als 1 km	kürzer als 1 km

Straßenbahnzug

Strecke, die du in einer Stunde zu Fuß zurücklegen kannst

Länge eines Fernlastzuges

Strecke, die ein Autorennfahrer in einer Minute zurücklegen kann.

Drachenschnur

Lastzug mit 50 Waggons

Breite einer Straße

Höhe des Kirchenturmes in deinem Ort

Ü 197

Wie viele m fehlen noch auf 1 km? Ergänze!

1 km	1 km	1 km	1 km
250 m + ______	625 m + ______	378 m + ______	270 m + ______
730 m + ______	384 m + ______	45 m + ______	909 m + ______
190 m + ______	719 m + ______	804 m + ______	216 m + ______
400 m + ______	903 m + ______	6 m + ______	705 m + ______
60 m + ______	736 m + ______	354 m + ______	901 m + ______

Ü 198

Ordne richtig zu!

kleiner als 1 m	zwischen 1 und 2 m	größer als 2 m

Länge eines Bleistiftes

Breite eines Fußballtores

Höhe eines Tisches

Größe deiner Mutter

Länge deines Bettes

Breite einer Tür

Länge einer Lokomotive

Ü 199

kleiner als 1 cm	zwischen 1 cm und 1 dm	größer als 1 dm

Dicke eines Blattes Papier

Dicke dieses Buches

Länge eines neuen Bleistiftes

ein Schritt

Dicke eines Lineals

deine Körpergröße

Dicke einer 1-S-Münze

Ü 200 Ordne folgende Längen der Größe nach!

16 m, 45 cm, 8 mm, 1 km, 3 dm:

8mm,

3 m 5 dm, 34 dm, 1 m 4 dm, 2 m 7 dm, 3 m 8 dm, 50 dm:

1m 4dm,

35 cm, 2 dm 8 cm, 45 cm, 5 dm, 170 cm, 4 dm 2 cm:

2 dm 8 cm,

126 m, 1 km, 385 m, 713 m, 290 m, 35 m, 270 m:

35m,

Ü 201 Bemale alle Felder, in denen Maße stehen, die kleiner als 1 dm sind!
Wie heißt das Wort, das dadurch entsteht?

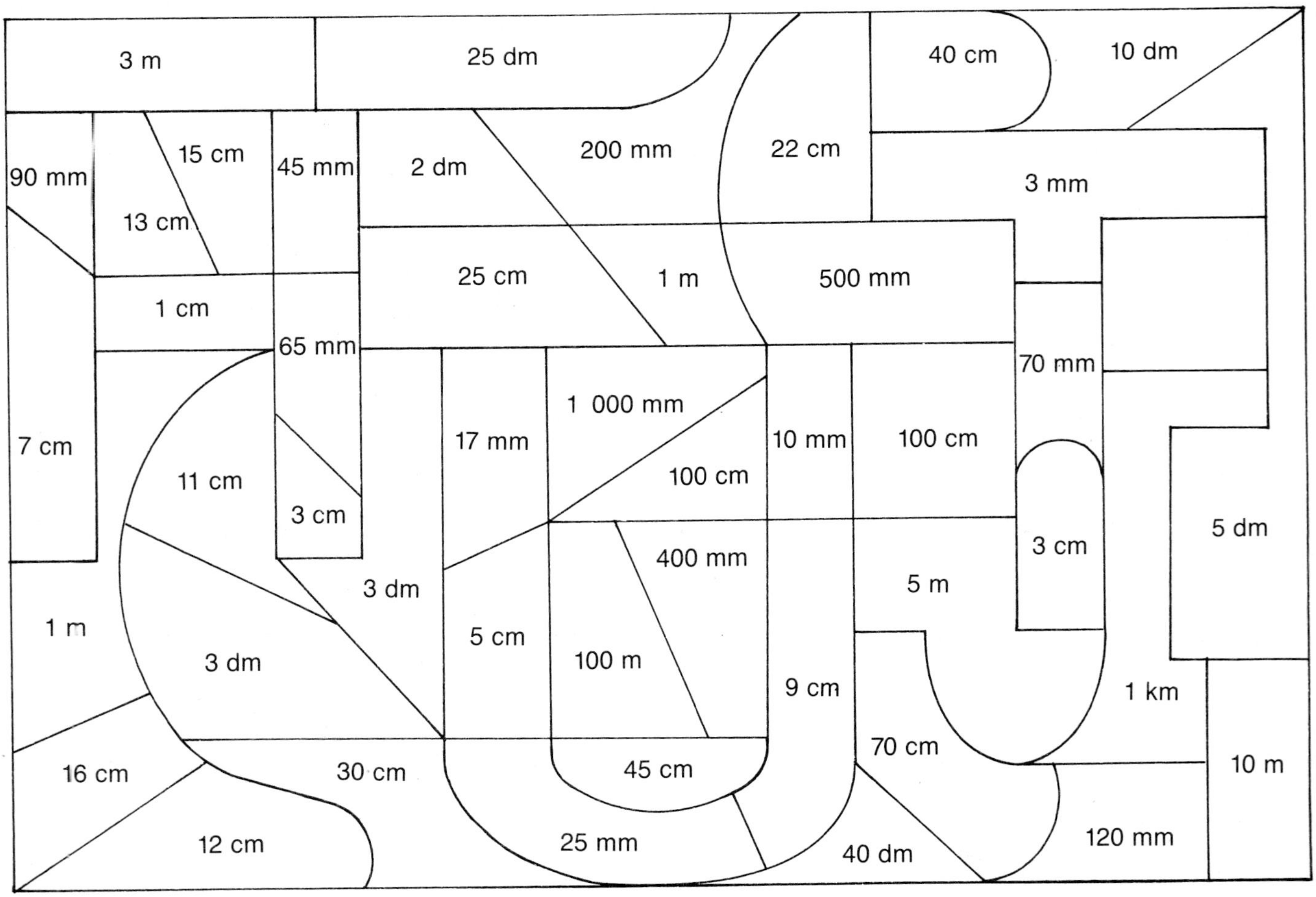

Ü 202

Zwei benachbarte Angaben (nebeneinander, untereinander, schräg über- oder untereinander) ergeben zusammengezählt 1 m. Du findest 10 solche Paare!

50 cm	30 cm	6 dm	900 mm	100 mm	5 m
6 cm	5 dm	8 dm	75 cm	30 cm	8 dm
4 cm	35 cm	5 mm	2 dm 5 cm	1 km	4 dm
4 m	37 cm	63 cm	60 cm	3 dm	6 dm
90 dm	10 mm	90 cm	30 cm	2 m	1 dm
35 cm	99 cm	7 dm	4 km	80 cm	5 cm
65 cm	5 cm	1 dm	9 dm	1 cm	2 dm

Ü 203

Zwei benachbarte Angaben (nebeneinander, untereinander, schräg über- oder untereinander) ergeben zusammengezählt 1km. Du findest 10 solche Paare!

650 m	370 m	190 m	50 m	300 m	600 m
300 m	250 m	500 m	950 m	400 m	500 m
999 m	50 m	750 m	100 m	305 m	695 m
1 m	300 m	700 m	1 m	600 m	5 m
10 m	400 m	600 m	40 m	100 m	995 m
5 m	705 m	800 m	500 m	900 m	250 m
30 m	295 m	5 m	200 m	10 m	700 m

Überprüfe dich selbst!

T 9

1. Vervollständige!

1 cm —. 10→ ______

1 m —: 10→ ______

1 cm ——→ 1 mm

1 m ——→ 1 km

______ —: 10→ 1 cm

______ —: 100→ 1 cm

☐ P.(6)

2. <, > oder =

1 m ______ 100 cm

60 cm ______ 7 dm

40 cm ______ 60 mm

2 m 5 dm ______ 2 m 5 cm

80 cm ______ 8 dm

150 cm ______ 87 mm

☐ P.(6)

3. Miß die Längen dieser Strecken!

a — a = ______

b — b = ______

c — c = ______

d — d = ______

e — e = ______

f — f = ______

☐ P.(6)

4. Wieviel cm sind?

5 m	= ________	cm
7 dm	= ________	cm
1 m 4 dm	= ________	cm
3 dm 7 cm	= ________	cm
60 mm	= ________	cm
1 m 5 dm 4 cm	= ________	cm

☐ P.(6)

5. Wieviel dm sind?

3 m	= ________	dm
7 m	= ________	dm
4 m 6 dm	= ________	dm
50 cm	= ________	dm
100 cm	= ________	dm
1 m 30 cm	= ________	dm

☐ P.(6)

6. Wieviel mm sind?

4 cm	= ________	mm
1 m	= ________	mm
1 dm	= ________	mm
12 cm	= ________	mm
20 cm	= ________	mm
1 dm 5 cm	= ________	mm

☐ P.(6)

Punktesumme ☐ P. (36)
Durchschnittszeit: 15 min

Arbeitszeit: ☐ min

Gewinn: + ☐ P. (2 P./min)

Abzug: — ☐ P. (2 P./min)

Endstand: ☐ P.

Auswertungsschlüssel:

ab 37 P.:	Meisterleistung
ab 33 P.:	Ausgezeichnet
ab 25 P.:	Eine gute Arbeit
ab 18 P.:	Befriedigend (Übe das, was dir noch Schwierigkeiten macht!)
unter 18 P.:	Du mußt noch üben!

Gewichte

Schätzen und vergleichen

Ü 204 Vergleiche das Gewicht dieser Gegenstände und zeichne Pfeile!

☐ ist schwerer als → ☐

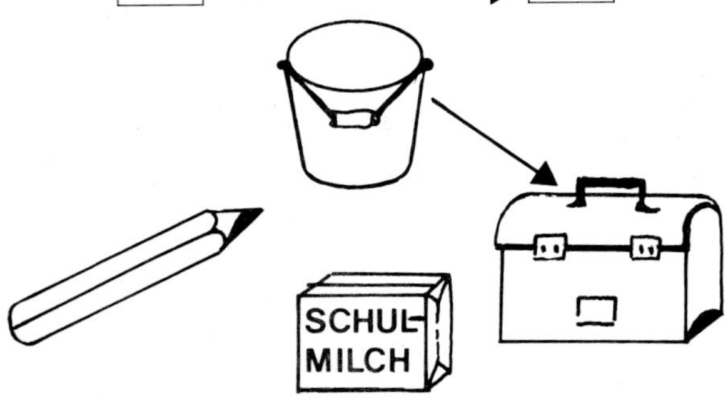

Briefmarke

Fußball

Auto

Schulheft

Ü 205 ☐ ist leichter als → ☐

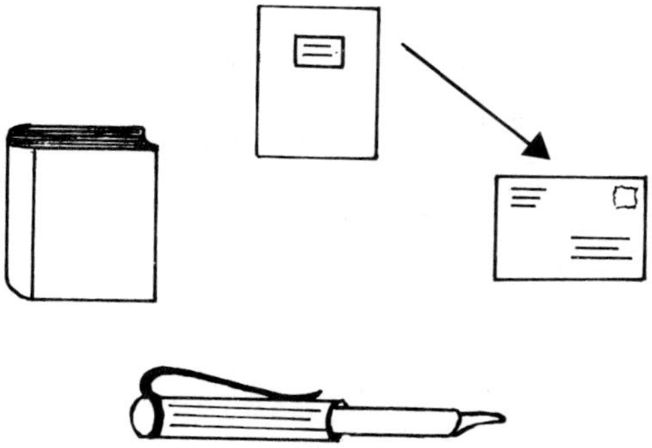

Elefant

Maus

Henne

Fliege

Ü 206 Schätze das Gewicht dieser Gegenstände und wiege sie dann auf der Küchenwaage ab!

Gegenstand	geschätzt	gewogen

1 kg = 100 dag

Suche selbst weitere Gegenstände, die 1 kg wiegen!

Ü 207 Schätze das Gewicht dieser Gegenstände in dag und wiege sie dann auf der Küchenwaage ab!

Gegenstand	geschätzt	gewogen

Ü 208 Rechne!

136 dag = ____ kg ____ dag
215 dag = ____ kg ____ dag
170 dag = ____ kg ____ dag
105 dag = ____ kg ____ dag
245 dag = ____ kg ____ dag
700 dag = ____ kg ____ dag
45 dag = ____ kg ____ dag
450 dag = ____ kg ____ dag

2 kg 25 dag = ____ dag
1 kg 70 dag = ____ dag
3 kg 20 dag = ____ dag
5 kg = ____ dag
1 kg 60 dag = ____ dag
4 kg = ____ dag
3 kg 5 dag = ____ dag
1 kg 8 dag = ____ dag

Ü 209 1 kg

36 dag + ____
55 dag + ____
71 dag + ____
83 dag + ____
95 dag + ____
70 dag + ____
5 dag + ____
13 dag + ____

Das wiegt etwa 1 g:

1 dag = 10 g
1 kg = 1 000 g

Stecknadel

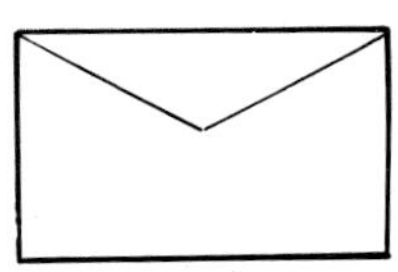
Briefumschlag

Büroklammer

Suche selbst weitere Gegenstände, die etwa 1 g wiegen!

Ü 210

Auf der Briefwaage können leichte Gegenstände gewogen werden. Vielleicht hast du eine zur Verfügung.

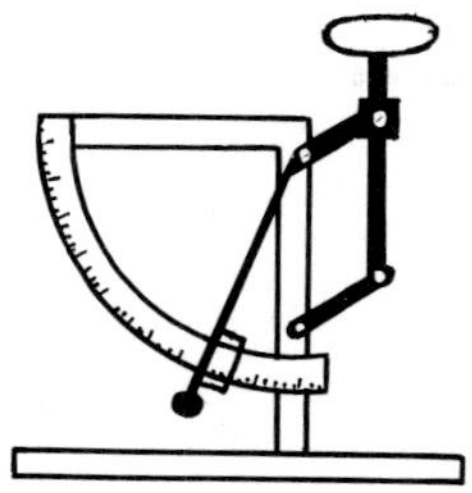

Gegenstand	geschätzt	gewogen
Zeitung		
Schere		
Brief mit Umschlag		
Radiergummi		
Füllfeder		

Ü 211

Berechne!

		1 kg
6 dag 5 g = ______ g	25 g ______ dag _____ g	250 g + ______
3 dag 8 g = ______ g	70 g ______ dag _____ g	730 g + ______
5 dag 5 g = ______ g	45 g ______ dag _____ g	600 g + ______
2 dag 9 g = ______ g	90 g ______ dag _____ g	200 g + ______
6 dag = ______ g	100 g ______ dag _____ g	50 g + ______
10 dag = ______ g	36 g ______ dag _____ g	910 g + ______

Ü 212

kg	kg	kg
45 dag + ______	280 g + ______	86 dag + ______
73 dag + ______	634 g ______	350 g + ______
81 dag + ______	187 g ______	745 g + ______
66 dag + ______	319 g ______	67 dag + ______
4 dag + ______	486 g ______	505 g + ______

Ü 213

Ordne zu!

schwerer als 1 kg	zwischen 1 dag und 1 kg	leichter als 1 dag

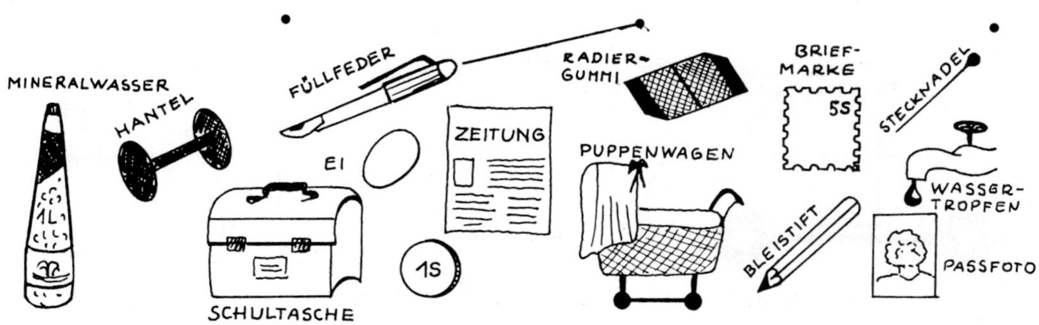

Ü 214 Wieviel Stück wiegen 1 kg?

	1 Stück wiegt	Zeichne die Anzahl der Stücke, die zusammen mindestens 1 kg wiegen!	Gesamtzahl
Ei 	6 dag		
Apfel 	12 dag		
Teller 	80 dag		
Schulmilch 	25 dag		
Tonbandkassette 	8 dag		
Semmel 	5 dag		
Margarinewürfel 	25 dag		

1 t = 1 000 kg
1 Tonne = 1 000 Kilogramm

PKW

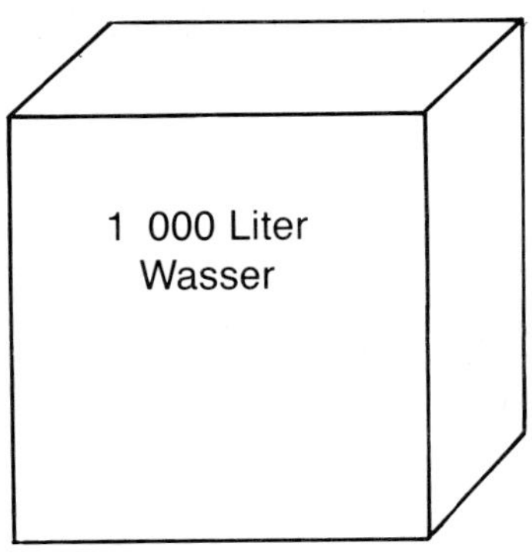

20 Säcke Zement

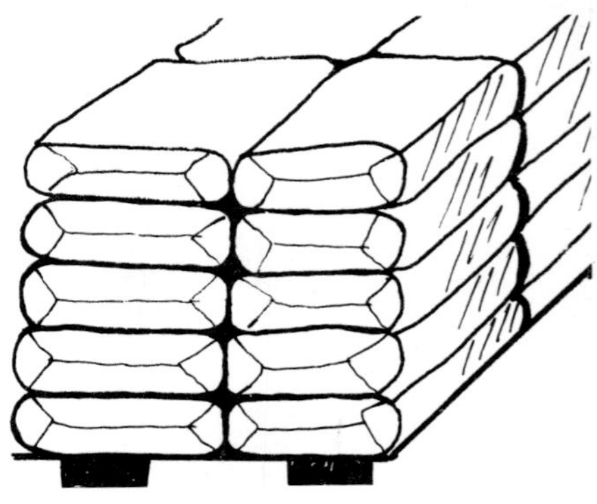

Ü 215

Wieviel Stück wiegen eine Tonne?

	1 Stück wiegt	Zeichne die Anzahl der Stücke, die zusammen mindestens 1 Tonne wiegen!	Gesamt-zahl
Stier 	500 kg		
Schüler 	40 kg		
Schwein 	100 kg		
Zementsack 	50 kg		
Teerfaß 	200 kg		
Erwachsener 	80 kg		

Ü 216

Das zulässige Gesamtgewicht eines Pkws beträgt 1 t. Der Pkw wiegt leer 685 kg. Wieviel dürfen die Fahrzeuginsassen wiegen?

Leergewicht: ____________

Zulässiges Gesamtgewicht: ____________

Nutzlast: ____________

Ü 217

Ein Lastenaufzug hat 1 t Tragfähigkeit. Er wird mit 4 Paletten beladen. Jede Palette wiegt 270 kg. Was sagst du dazu?

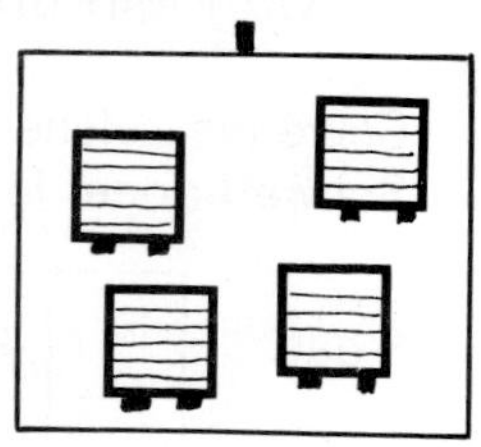

1 t	1 kg	1 dag	1 g

1 t ← . 1 000 ← 1 kg ← . 100 ← 1 dag ← . 10 ← 1 g

1 kg ← .1 000 ← 1 g

Diese Maßbeziehungen sollst du dir merken:

1 t = 1 000 kg

1 kg = 100 dag
1 kg = 1 000 g

1 dag = 10 g

Ü 218 Welche Maßbeziehungen stehen zwischen den Maßen? Verwende die Tabelle!

1 kg	: 100 →	______	1 dag	☐ →	1 g	______	. 100 →	1 kg
1 kg	: 1 000 →	______	1 kg	☐ →	1 t	______	. 1 000 →	1 t
1 dag	. 100 →	______	1 g	☐ →	1 kg	______	. 1 000 →	1 kg
1 kg	. 1 000 →	______	1 kg	☐ →	1 dag	______	: 10 →	1 g
1 g	. 10 →	______	1 g	☐ →	1 dag	______	: 100 →	1 dag

Ü 219 Mit welchen anderen Maßen kann man diese noch ausdrücken?

1 000 g = ______

10 g = ______

100 dag = ______

1 000 kg = ______

Ü 220 Setze die fehlenden Maßeinheiten ein!

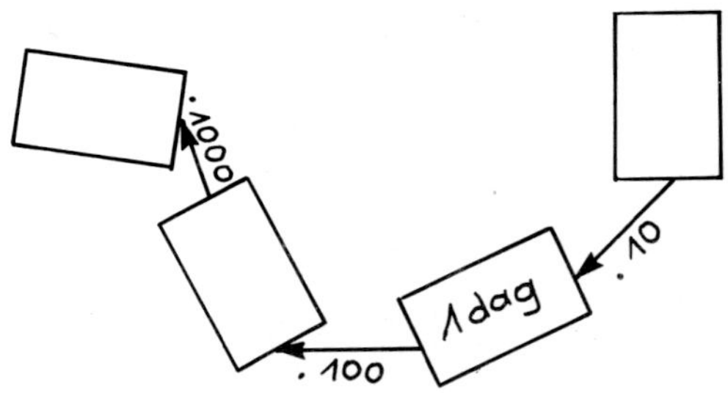

Ü 221 Welche der beiden Maßangaben ist größer? Unterstreiche die größere Angabe!

10 dag — 10 g	1 kg — 100 g	3 dag — 300 g
1 kg — 10 dag	1 t — 580 kg	35 kg — 35 dag

Verwandeln und vergleichen

Ü 222 Setze die Zeichen < oder > ein!
Schwerer oder leichter als 1 kg?

3 dag	☐	1 kg	30 dag + 5 dag	☐	1 kg
45 dag	☐	1 kg	40 g + 70 g	☐	1 kg
750 g	☐	1 kg	130 g + 700 g	☐	1 kg
320 dag	☐	1 kg	50 dag + 60 dag	☐	1 kg
14 kg	☐	1 kg	2 kg — 40 dag	☐	1 kg
430 dag	☐	1 kg	1 kg — 50 g	☐	1 kg

Ü 223 Schwerer oder leichter als 1 dag?

40 g	☐	1 dag
5 g	☐	1 dag
37 g	☐	1 dag
1kg	☐	1 dag
4 g	☐	1 dag
100 g	☐	1 dag

Ü 224 Verwandle diese Gewichtsangaben in mehrnamige Größen!

130 dag =	________	250 dag =	________
250 dag =	________	435 g =	________
45 g =	________	760 g =	________
73 g =	________	760 dag =	________
160 g =	________	450 g =	________

Ü 225 Ordne die fehlende Maßangabe symmetrisch zu!

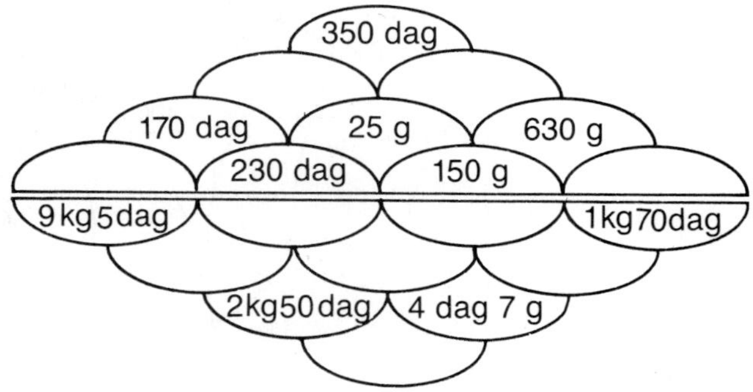

Ü 226 Verwandle die angegebenen Maße!
In der Tabelle findest du die richtigen Ergebnisse. Trage sie mit dem Buchstaben in das Rad ein!

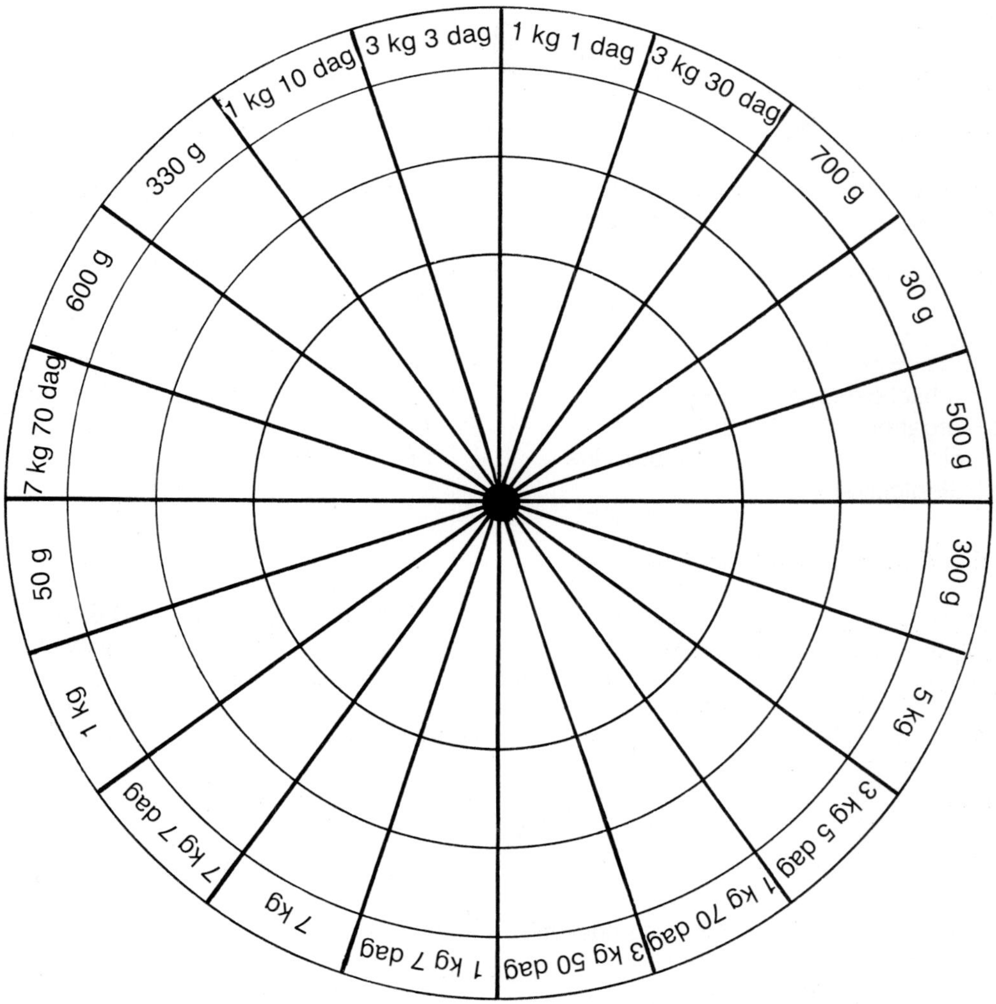

107 dag — V
707 dag — R
770 dag — N
110 dag — U
101 dag — G
3 dag — E
500 dag — T
700 dag — E
170 dag — R
50 dag — I
330 dag — S
303 dag — N
5 dag — A
100 dag — W
350 dag — *
305 dag — E
30 dag — S
70 dag — M
33 dag — L
60 dag — D

Lösungswort: ______________________________

Ü 227 Bemale alle Felder, in denen Maßangaben stehen, die kleiner als 50 dag sind!

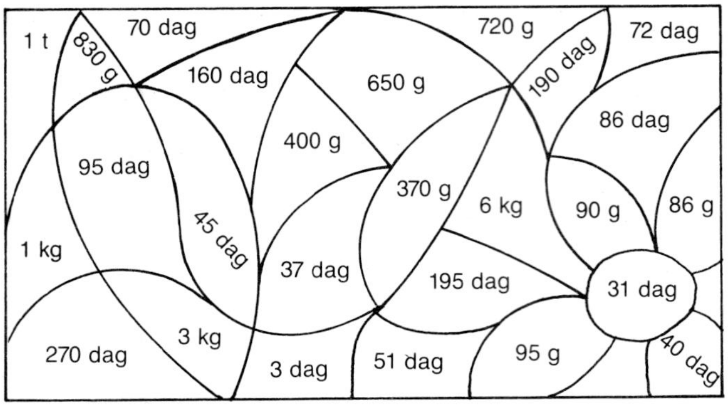

Ü 228

6 dag 	25 dag 	1 kg 	5 dag 
50 dag 	20 dag 	2 kg 	250 g 

Wieviel wiegen die Waren im Korb (im Wagen)?

1 P. Reis 2 P. Butter ________	2 P. Butter 2 P. Margarine 1 P. Reis ________	10 Eier 1 P. Haferflocken ________	4 P. Pfeffer 5 Eier ________
1 P. Kochschokolade 2 P. Margarine 1 P. Reis 1 P. Haferflocken ________	2 P. Mehl 2 P. Pfeffer 1 P. Margarine ________	1 P. Kochschokolade 2 P. Butter 1 P. Haferflocken ________	2 P. Haferflocken 10 Eier 1 Kochschokolade ________
1 P. Reis 2 P. Mehl 2 P. Butter ________	2 P. Butter 2 P. Haferflocken 3 P. Kochschokolade 1 P. Margarine ________	2 P. Margarine 1 P. Reis 1 P. Kochschokolade 1 P. Mehl 2 P. Haferflocken ________	10 Eier 4 kg Mehl 2 kg Reis 40 dag Koch- schokolade ________
10 Eier 2 P. Pfeffer 2 P. Margarine 1 P. Haferflocken 1 P. Butter ________	1 P. Mehl 1 P. Reis 2 P. Haferflocken 5 Eier 1 P. Pfeffer ________	2 P. Kochschokolade 2 P. Margarine 2 P. Butter 15 Eier 3 P. Pfeffer ________	4 P. Butter 2 P. Reis 20 Eier 4 P. Kochschokolade 2 P. Haferflocken ________

Überprüfe dich selbst!

T 10

1. Vervollständige!

1 kg $\xrightarrow{:100}$ ______

1 dag $\xrightarrow{:10}$ ______

1 kg $\xrightarrow{\quad}$ 1 t

1 g $\xrightarrow{\quad}$ 1 dag

______ $\xrightarrow{:10}$ 1 g

______ $\xrightarrow{.\,1000}$ 1 kg

☐ P. (6)

2. Setze ein! <, > oder =

3 dag ______ 100 g

1 kg ______ 250 g

16 dag ______ 1 kg

12 g ______ 1 dag

150 g ______ 15 dag

170 kg ______ 1 t

☐ P. (6)

3. Wieviel g sind?

3 dag 5 g = ______

4 dag = ______

10 dag = ______

1 kg = ______

15 dag = ______

50 dag = ______

☐ P. (6)

4. Wieviel dag sind?

2 kg = ______

10 kg = ______

4 kg 20 dag = ______

2 kg 5 dag = ______

70 g = ______

100 g = ______

☐ P. (6)

5. Ergänze auf 1 kg!

35 dag + ______ = 1 kg

65 dag + ______ = 1 kg

155 g + ______ = 1 kg

297 g + ______ = 1 kg

90 dag 5 g + ______ = 1 kg

5 dag 5 g + ______ = 1 kg

☐ P. (6)

6. Verwandle in mehrnamige Größen

150 dag = ___ kg ___ dag

270 dag = ______

55 g = ______

486 g = ______

350 g = ______

205 g = ______

☐ P. (6)

Punktesumme ☐ P. (36)
Durchschnittszeit: 15 min

Arbeitszeit: ☐ min

Gewinn: + ☐ P. (2 P./min)

Abzug: — ☐ P. (2 P./min)

Endstand: ☐ P.

Auswertungsschlüssel:

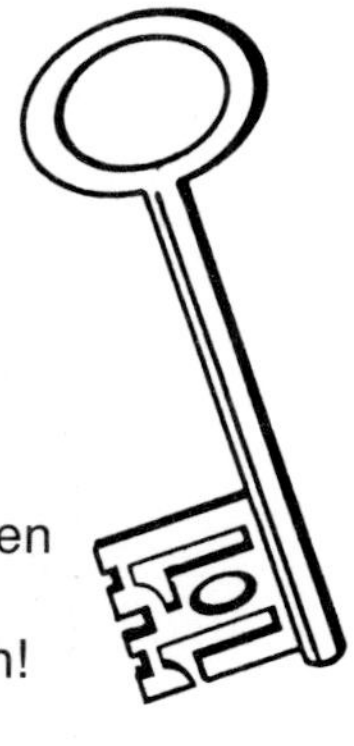

ab 37 P.: Meisterleistung
ab 33 P.: Ausgezeichnet
ab 25 P.: Eine gute Arbeit
ab 18 P.: Befriedigend (Übe das, was dir noch Schwierigkeiten macht!)
unter 18 P.: Du mußt noch üben!

ZEIT

Stunde — Minute

Ü 229 Wie lange dauern diese Vorgänge ungefähr?

Zeit, die du zum Lesen eines Buches brauchst	Dauer eines Kinofilmes	Dauer einer Nachrichtensendung im Radio
Dauer der großen Pause in der Schule	Zeit für 100 m Schwimmen	Dauer eines Radrennens
Zeit für 100 m Laufen	Dauer einer Unterrichtseinheit	Zeit, die zum Abspielen der Bundeshymne gebraucht wird
Dauer des Blitzes beim Fotografieren	Zeit, die du die Luft anhalten kannst	Zeit, die ein Papierflieger in der Luft bleibt

	länger als 1 h	zwischen 1 min und 1 h	kürzer als 1 min
Male die Felder an!	rot	blau	grün

Ü 230 Nicht alle sind „Stundas"!
Alle angegebenen Zeitangaben zusammengezählt ergeben eine Stunde. Streich die falschen „Stundas" durch!

30 min, 15 min, 15 min – 1 h	10 min, 80 min, 10 min – 1 h	50 min, 5 min, 5 min – 1 h	15 min, 7 min, 37 min – 1 h
28 min, 12 min, 20 min – 1 h	16 min, 15 min, 29 min – 1 h	10 min, 36 min, 34 min – 1 h	16 min, 9 min, 5 min, 30 min – 1 h

Ü 231

Bilde „Stundas“!
Setze Maßangaben ein, daß alle zusammengezählt 1 h ergeben!

30 min, ☐, 10 min – 1 h	7 min, ☐, 50 min – 1 h	3 min, ☐, 17 min – 1 h	☐, 5 min, 45 min – 1 h
20 min, ☐, 30 min – 1 h	5 min, ☐, 55 min – 1 h	15 min, ☐, 27 min – 1 h	☐, 48 min, 7 min – 1 h

Ü 232

Ordne die Zeitangaben in jeder Zeile der Dauer nach!

1. 30 min	3. 75 min	2. 1 h		
☐ 15 min	☐ 70 min	☐ 1 h 5 min		
☐ 1 h 10 min	☐ 60 min	☐ 45 min	☐ 1 h 30 min	
☐ 80 min	☐ 1 h 30 min	☐ 1 h 10 min	☐ 100 min	
☐ 5 h	☐ 2 h 20 min	☐ 1 h 10 min	☐ 3 h 10 min	☐ 1 h 40 min
☐ 40 min	☐ 1 h 15 min	☐ 70 min	☐ 1 h 40 min	☐ 80 min
☐ 2 h 30 min	☐ 1 h 50 min	☐ 100 min	☐ 160 min	☐ 1 h 10 min

Tag — Woche — Monat — Jahr

Ü 233

Ordne richtig zu!

1 Woche = 7 Tage		1 Jahr = 12 Monate		1 Tag = 24 Stunden		1 Stunde — 60 Minuten	
Wochen	Tage	Jahre	Monate	Tage	h	h	min
1	35	2	60	1	240	1	60
5	7	1	12	2	48	2	300
3	42	5	24	3	96	3	180
6	21	3	72	4	72	4	240
10	14	10	120	5	120	5	120
2	70	6	36	10	24	10	600

Ü 234

In diesen Verwandlungsübungen sind 10 Fehler versteckt.
Verbessere sie!

	r/f	Verbesserung:		r/f	Verbesserung:
2 h = 48 min			3 h = 180 min		
3 h = 180 min			5 h = 60 min		
5 W. = 45 Tage			2 W. = 14 Tage		
3 W. = 28 Tage			1 Jahr = 60 Tage		
4 Jahre = 48 Monate			1 h = 12 min		
1 Jahr = 60 Monate			1 Tag = 120 h		
2 Tage = 48 h			2 Jahre = 24 Monate		
1 Tag = 12 h			10 h = 100 min		

Uhrzeit

Ü 235 Vervollständige die Zeitanzeigen! Überlege, was du zu dieser Zeit machst!

Zifferblatt-anzeige	Digital-anzeige	Was machst du gerade in dieser Zeit?
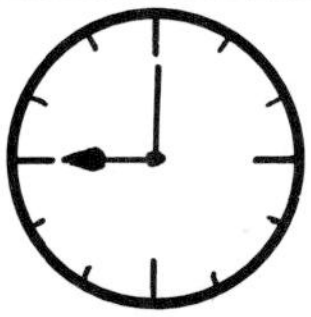		

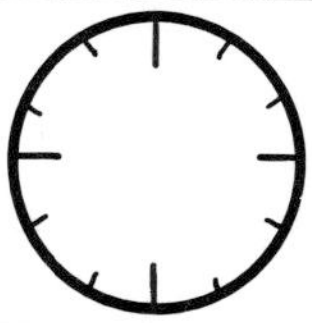	15.30	
	19.45	
	3.55	

	11.50	

Vorschäge für die Eintragungen:

Ich putze gerade die Zähne.

Ich bin auf dem Schulweg.

Ich arbeite in der Schule.

Ich schlafe.

Ich sehe das Kinderprogramm im Fernsehen.

Ich spiele mit Freunden.

Ich esse zu Mittag.

Ich verabschiede mich gerade von Mutter.

Ich lese ein Buch.

Ich bereite mich auf das Schlafengehen vor.

Wir sitzen beim Abendessen.

Ich träume.

usw.

Ü 236 Tonis kleine Schwester kann die Uhrzeit noch nicht richtig ablesen.

Sie sagt:	Der große Zeiger steht am Zwölfer, der kleine am Siebener.	Der kleine Zeiger steht zwischen sechs und sieben, der große am Sechser.	Der große Zeiger steht am Neuner, der kleine zwischen fünf und sechs.
Wie spät ist es wirklich?			

Ü 237 Toni hat jeden Tag von 8.00 Uhr bis 12.00 Uhr Schule.
Wie viele Stunden verbringt er in einer Woche (5 Schultage) in der Schule?

Ü 238 Simone sollte um halb vier Uhr zu Hause sein.
Sie verspätet sich aber um 10 Minuten. Wann kommt sie wirklich heim?

Ü 239 Günter behauptet: „Ich habe zum Lesen dieses Buches genau 2 h und 30 min gebraucht." Rudi sagt: „Ich habe genau 150 min dazu gebraucht." Wer von den beiden kann schon schneller lesen?

Ü 240 Herr Bogner ist für 16.30 Uhr beim Zahnarzt vorgemerkt. Er kommt um 16.20 Uhr hin.
Um 16.45 Uhr kommt er an die Reihe. Wie lange hat er warten müssen?

Ü 241 Herbert benötigt für eine Runde um den Häuserblock genau 2 min. Seine kleine Schwester braucht genau doppelt so lange. Wenn er mit dem Rad fährt, braucht er nur die halbe Zeit. Wie lange braucht seine Schwester? Wie lange braucht er mit dem Fahrrad?

Ü 242 Günters Schulbus kommt normalerweise um 7.45 Uhr in der Schule an.
Heute hat er wegen des dichten Nebels 25 min Verspätung. Wann kommt er an?

Ü 243 Thomas hat nach seinem Beinbruch 6 Wochen lang einen Gipsverband tragen müssen.
Wie viele Tage waren das?

Ü 244 Für die Wanderung von St. Peter nach Waldburg braucht Thomas, wenn er alleine geht, 1 h und 30 min. Wie lange brauchen 2 Wanderer für diese Strecke?

T 11 *Überprüfe dich selbst!*

1. Ergänze auf 1 h!

30 min + ____ = 1 h
40 min + 5 min + ____ = 1 h
50 min + 8 min + ____ = 1 h
3 min + 30 min + ____ = 1 h
45 min + 15 min + ____ = 1 h
1 min + 11 min + ____ = 1 h

☐ P. (6)

2. Wieviel Tage sind?

2 Wochen = ____ Tage
5 Wochen = ____ Tage
3 Wochen = ____ Tage
10 Wochen = ____ Tage
7 W. 5 Tage = ____ Tage
4 W. 2 Tage = ____ Tage

☐ P. (6)

3. Wieviel h sind?

3 Tage = ____ h
1 Tag = ____ h
5 Tage = ____ h
1 Tag 6 h = ____ h
3 Tage 10 h = ____ h
1 Woche = ____ h

☐ P. (6)

4. Verwandle!

2 Jahre	=	____	Monate
2 Tage	=	____	h
4 Wochen	=	____	Tage
4 h	=	____	min
4 Jahre	=	____	Monate
1 Tag 10 h	=	____	h

☐ P. (6)

5. Ordne die Zeitangaben der Dauer nach!

3 h, 15 min, 1 h: ____________

45 min, 80 min, 1 h: ____________

1 h 10 min, 50 min, 1 h: ____________

1 Tag, 1 Woche, 1 h: ____________

15 min, 1 h 15 min, 55 min: ____________

3 h 5 min, 200 min, 100 min: ____________

☐ P. (6)

6. Berechne!

Der Zug soll um 17.45 Uhr am Bahnhof ankommen, hat aber 15 min Verspätung. Wann kommt der Zug an?

Der Zug kommt um ______ Uhr an.

☐ P.(3)

Wie spät ist es?
Der kleine Rudi sagt: „Der große Zeiger steht am Elfer und der kleine knapp vor dem Einser."

Es ist ______ Uhr.

☐ P.(3)

Punktesumme ☐ P. (36)
Durchschnittszeit: 15 min

Arbeitszeit: ☐ min

Gewinn: + ☐ P. (2 P./min)

Abzug: — ☐ P. (2 P./min)

Endstand: ☐ P.

Auswertungsschlüssel:

ab 37 P.:	Meisterleistung
ab 33 P.:	Ausgezeichnet
ab 25 P.:	Eine gute Arbeit
ab 18 P.:	Befriedigend (Übe das, was dir noch Schwierigkeiten macht!)
unter 18 P.:	Du mußt noch üben!

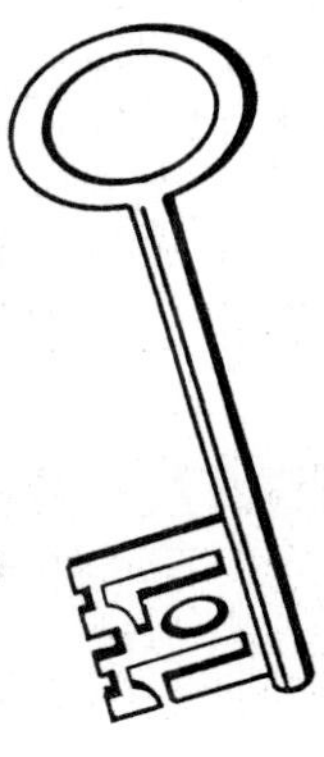

Sachbeispiele lösen

Informationen aus Texten und Zeichnungen entnehmen.

Lies die Texte genau durch und beantworte dann die Fragen!
Deck dabei den Text mit einem Blatt Papier ab!

Ü 245

> Rudi fährt gern mit seinem hellroten neuen Fahrrad. Gestern um 19.00 Uhr fuhr er auf der Dorfstraße. Er bemerkte seinen Freund Karli, der im Garten schaukelte. Rudi beschloß, Karl zu besuchen. Er fuhr auf der Straße weiter und bog vorschriftsmäßig in Karls Garten ein.

Wo fuhr Rudi mit dem Fahrrad? ______________________

Wo befand sich Karls Garten? ______________________

Zu welcher Tageszeit spielte sich alles ab? ______________________

Womit war Rudi beschäftigt? ______________________

Auf welcher Straßenseite befand sich Karls Garten? ______________________

Mit welcher Hand gab Rudi das Handzeichen beim Einbiegen? ______________________

Welche Farbe hatte Karls Fahrrad? ______________________

Ü 246

Achtung! Hier gibt es auch Fragen, die du nicht beantworten kannst!

> Im Autobus sind 48 Sitzplätze und 16 Stehplätze.
> Im Bus befinden sich gerade 24 Mädchen und 26 Buben.

Wie viele Personen können im Bus befördert werden? ______________________

Wie viele Sitzplätze bietet der Bus? ______________________

Wie viele Kinder befinden sich gerade im Bus? ______________________

Haben alle Kinder einen Sitzplatz? ______________________

Wie viele Plätze sind noch frei? ______________________

Wie viele Stehplätze bietet der Bus? ______________________

Wie schwer ist der Bus? ______________________

Ü 247

> Peter fuhr mit seiner Mutter in die Stadt. Der Bub fuhr zum erstenmal mit dem Zug. Zuerst saß er auf Mutters Schoß, später neben der Mutter und zuletzt wollte er durch den Waggon laufen. Er beobachtete an jeder Station die Menschen, die aus- und einstiegen. Gerne hätte er das Fenster geöffnet, aber Mutter erlaubte es nicht, denn es war zu kalt draußen!

Wer begleitete Peter? ______

Warum durfte er das Fenster nicht öffnen? ______

Wohin fuhr Peter? ______

Wo saß der Bub zuerst? ______

Wie oft ist Peter schon mit dem Zug gefahren? ______

Wen beobachtet Peter in den Stationen? ______

Ü 248

In der 3. B Klasse sind 13 Knaben und 12 Mädchen. Sie wandern am 29. September mit der Frau Lehrerin vom Schulgebäude um 8.00 Uhr weg. Ein Knabe und zwei Mädchen können wegen Krankheit am Wandertag nicht teilnehmen. Von 10.00 bis 11.00 Uhr besichtigt die Klasse die Ruine Sallaburg. Von 11.00 bis 11.30 Uhr wird im Gasthaus die Mittagspause verbracht. Um 13.00 Uhr kamen die Kinder wieder müde in der Schule an.

Wie lange dauerte die Besichtigung der Ruine? ______

Wie viele Knaben nahmen an der Wanderung teil? ______

Wo wurde gerastet? ______

Wann kamen die Kinder heim? ______

An welchem Wochentag fand die Wanderung statt? ______

Wie lange dauerte die Mittagspause? ______

Wie viele Personen nahmen an der Wanderung teil? ______

Wie viele Kinder konnten nicht an der Wanderung teilnehmen? ______

Ü 249

Ein Obsthändler kauft 24 Kisten Äpfel zu je 20 kg und 14 Kisten Birnen zu je 18 kg. Für die Äpfel bezahlt er 7 S, für die Birnen 9 S je kg. Die Äpfel verkauft er um 13 S, die Birnen um 16 S je kg.

Wie viele Kisten Birnen kaufte der Obsthändler? ______

Wie viele kg Äpfel kaufte er ein? ______

Um welchen Betrag verkaufte er 1 kg Birnen? ______

Wieviel kg Äpfel verkaufte der Händler? ______

Wie groß ist die Handelsspanne bei 1 kg Birnen? (Die Handelsspanne ist der Unterschied zwischen Einkaufspreis und Verkaufspreis.) ______

Wie viele Kisten Obst kaufte der Händler insgesamt ein? ______

Wie hoch ist die Handelsspanne beim Verkauf von einer Kiste Äpfel? ______

Ü 250

Herr Hofer kauft am Obstmarkt:

1 Steige Marillen (10 kg Inhalt, 16 S je kg);
1 Steige Erdbeeren (6 kg Inhalt, 24 S je kg);
3 Liter Heidelbeeren (50 S je Liter).

Wieviel kostet 1 kg Marillen? ______

Wieviel kostet 1 Liter Heidelbeeren? ______

Wie schwer sind die Marillen und die Erdbeeren zusammen? ______

Wieviel bezahlt Herr Hofer für die Marillen? ______

Wieviel bezahlt er für die Heidelbeeren? ______

Wie schwer sind die Heidelbeeren? ______

Wieviel kosten die Erdbeeren und die Heidelbeeren zusammen? ______

Kommt er mit einem 500-S-Schein aus? ______

Ü 251

Wieviel kosten diese Spielsachen?

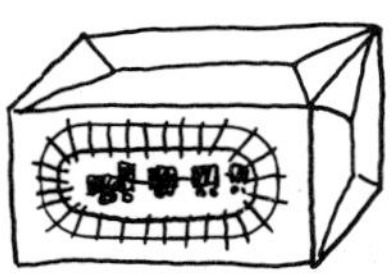 ______

 ______

 ______

Fußballspiel: ______

Laubsägekasten: ______

Kindergitarre: ______

Telefon-Set: ______

Teddy: ______

Werkbank: ______

Malbuch: ______

Baustein-Trommel: ______

Kegel-Set und Telefon-Set: ______

Puppe und Puppenmöbel: ______

Werkbank und Bausteine: ______

3 Matchbox-Autos: ______

1 Kegel-Set und 2 Würfel-Baukästen: ______

Martin hat vom Opa 1 000 S für Spielsachen bekommen.
Er wünscht sich eine Eisenbahn und ein ferngesteuertes Auto.

Susi wünscht sich einen Teddy und Puppengeschirr. Kommt sie mit 600 S aus?

Auch aus Bildern kann man Rechenangaben entnehmen:

Ü 252

Julia hat gespart:

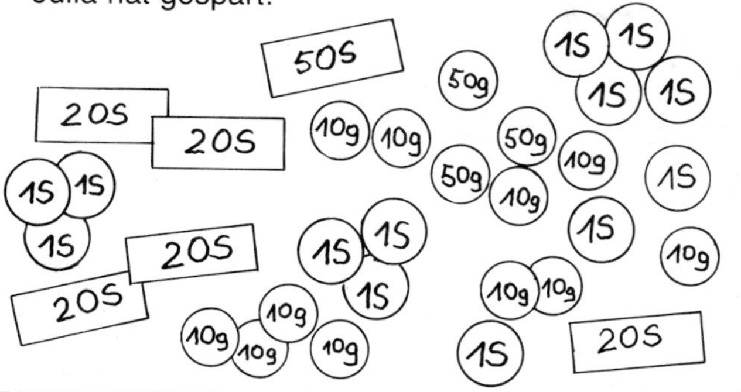

Anzahl der 10-g-Stücke: ______________

Anzahl der 20-S-Scheine: ______________

Wert der 1-S-Münzen: ______________

Zahl der 50-S-Scheine: ______________

Wert der 10-g-Münzen: ______________

Wert der 20-S-Scheine: ______________

Zahl der 1-S-Münzen: ______________

Wert der 50-g-Münzen: ______________

Ü 253

Skilift

	Erw.	Kinder
Halbtag: 9.00 bis 13.00 oder 12.00 bis 16.00 Uhr	65,—	35,—
Tageskarte	120,—	70,—
Zweitageskarte	200,—	120,—
Wochenkarte (5 Tage)	495,—	290,—
Wochenkarte (7 Tage)	690,—	440,—

Preis einer Wochenkarte (5 Tage) für Kinder: ______________

Preis einer Halbtageskarte am Nachmittag für Erwachsene: ______________

Preis einer Tageskarte für einen Erwachsenen und ein Kind: ______________

Preis für 10 Halbtageskarten für Kinder: ______________

Preis der Wochenkarten (7 Tage) für 2 Kinder: ______________

Ü 254

	Münzliste
5 g	3
10 g	15
50 g	4
1 S	26
5 S	7
10 S	9

Wert der 50-g-Münzen: ______________

Wert der 1-S-Münzen: ______________

Wert der 10-g-Münzen: ______________

Wert der 10-S-Münzen ______________

Ü 255

Die 3. Klase (insgesamt 24 Kinder) hat bei einer Mathematikarbeit folgende Noten erhalten:

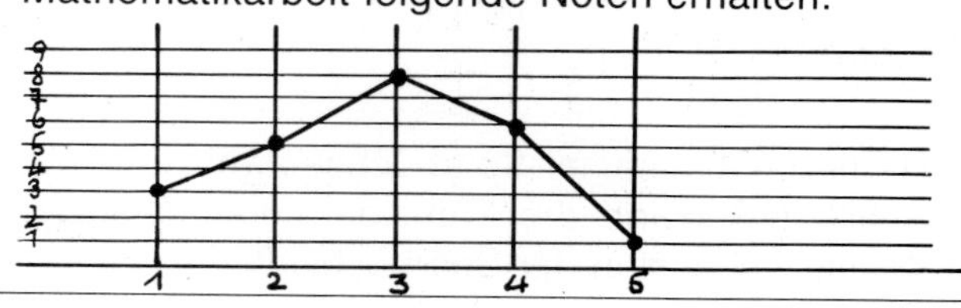

Anzahl der Kinder mit der Note 3: ______________

Anzahl der Kinder mit den Noten 1 und 2: ______________

Kinder, die die Arbeit nicht mitgemacht haben: ______________

Rechnungen zeichnen

Zeichne diese Rechnungen! Du kannst dann die Lösung aus der Zeichnung ablesen!

Ü 256

In einer Klasse stehen 9 Tische. Bei jedem Tisch haben 2 Schüler Platz. Für wie viele Schüler ist in der Klasse Platz?

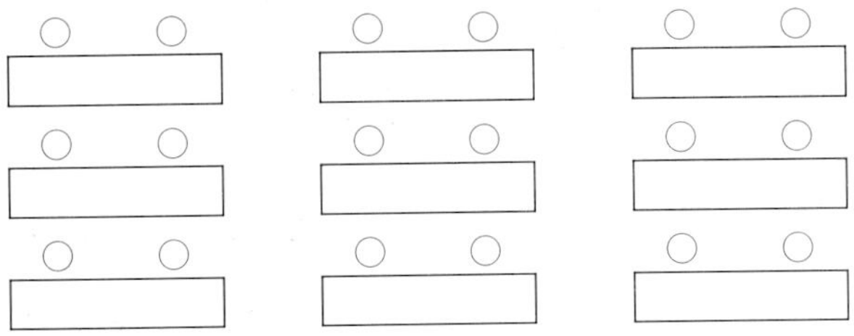

Insgesamt haben ______________ Schüler Platz.

Ü 257

Frau Gruber setzt im Garten Salatpflanzen auf ein Beet. Sie setzt 5 Reihen. In jede Reihe kommen 12 Pflanzen. Wie viele Pflanzen kann sie anpflanzen.

Sie kann insgesamt _____ Salatpflanzen setzen.

Ü 258

In Romanas Klasse sind 12 Mädchen und 9 Knaben.

In der Klasse sind insgesamt _________ Schüler.

Ü 259

Im Großkaufhaus ist Gemüse in Kisten gestapelt. Ein solcher Stapel besteht aus 15 Kisten. Wie viele Kisten sind in 4 solchen Stapeln?

In 4 Stapeln sind ____________________ Kisten.

Ü 260

Herbert hat in seiner Sparbüchse zwei Hundert-Schilling-Scheine, drei Fünfziger und 4 Zwanziger. Wieviel Geld ist in der Sparbüchse?

Herbert hat insgesamt _____ S in der Sparbüchse.

Ü 261

Die Marktfrau hat 60 Rosen geliefert bekommen: 7 davon sind beschädigt. Wie viele Rosen kann sie verkaufen?

Die Marktfrau kann _________ Rosen verkaufen.

Mengensituationen in Texten erkennen

Fast alle Sachbeispiele lassen sich auf diese sechs Grundsituationen zurückführen.

Ü 262 Ordne diese Situationen den Grundsituationen zu!

Auf dem Verschiebebahnhof stehen 12 Waggons. Es werden 6 Waggons angekoppelt. Mit wieviel Waggons fährt der Zug weiter? ☐

In der Straßenbahn befinden sich 23 Fahrgäste. Bei der Haltestelle steigen 13 Personen aus. Wie viele Personen befinden sich noch in der Straßenbahn? ☐

Peters Mutter ist 36 Jahre alt; Peter ist 9 Jahre alt. Wie groß ist der Altersunterschied? ☐

In einem Netz sind 6 Orangen. Wie viele Orangen sind in 4 Netzen? ☐

Mutter bringt 15 Orangen nach Hause. Sie will daraus Saft pressen. Für ein Glas benötigt sie 5 Orangen. Wie viele Gläser Saft erhält sie? ☐

Mutter bringt 15 Orangen nach Hause. Sie verteilt sie an ihre drei Kinder gleichmäßig. Wie viele Orangen erhält jedes Kind? ☐

1	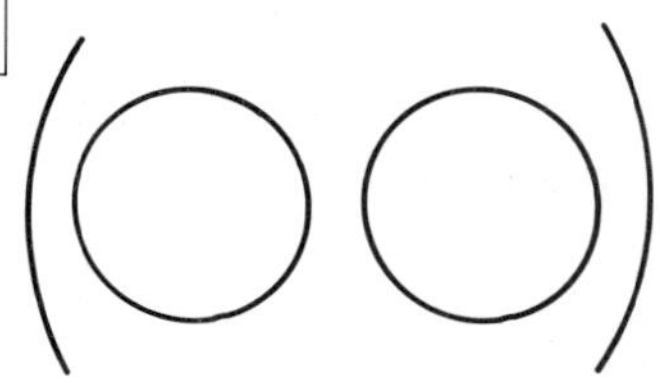	Zwei (oder mehr) Mengen werden zusammengegeben (vereinigt).
2	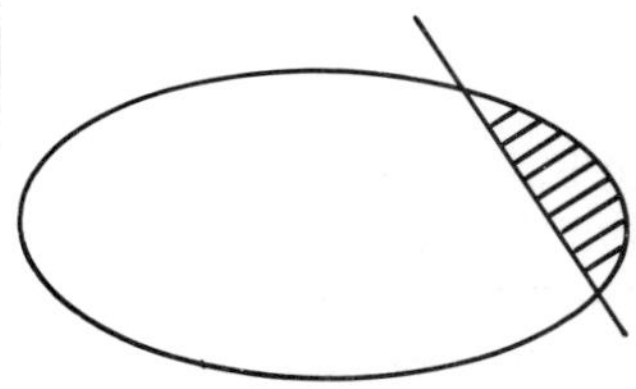	Von einer Anzahl werden einzelne Stücke abgesondert.
3	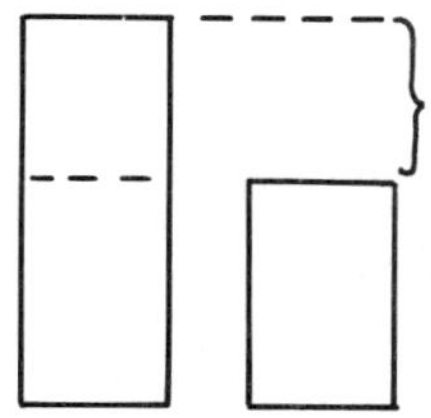	Zwei Mengen werden verglichen.
4	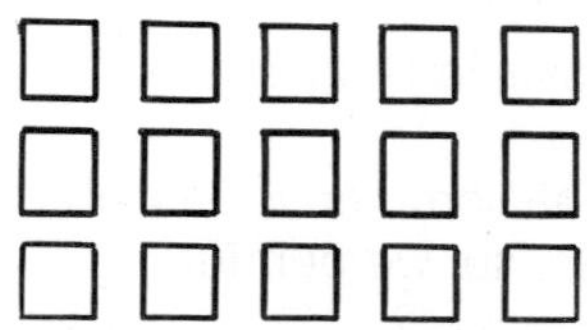	Eine gleiche Anzahl von Dingen wird öfter genommen.
5	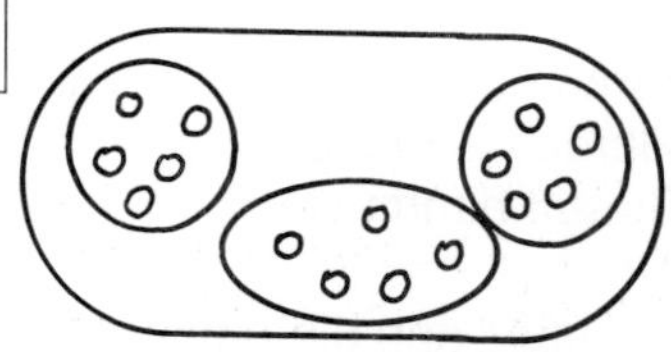	Eine Menge wird in gleich starke Gruppen eingeteilt.
6	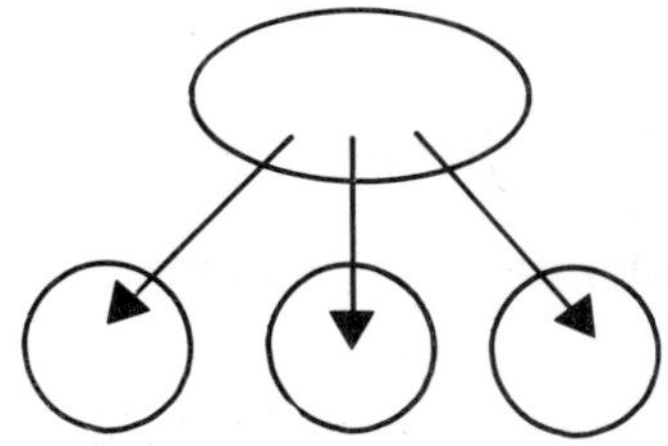	Eine Menge wird an eine vorgegebene Anzahl von Empfängern ausgeteilt.

Ü 263 Welchen der Grundsituationen von Ü 262 lassen sich diese Sachbeispiele zuordnen? Zeichne die Rechnungen!

	Zeichnung/Grundsituation Nr.	Antwort
Günter hat 7 Bücher gelesen, Hermine 16. Wie viele Bücher hat Hermine mehr gelesen?	☐	
Mutter will 24 Eier für Ostern färben. Sie hat drei verschiedene Eierfarben. Sie möchte von jeder Farbe gleich viele Eier färben. Wie viele Eier kann sie mit jeder Farbe färben?	☐	
Thomas hat 30 Kastanien gesammelt. Auf dem Heimweg verliert er 7 davon. Wie viele Kastanien bringt er nach Hause?	☐	
Für eine Theatervorstellung werden Sessel in Reihen aufgestellt. In jede Reihe kommen 8 Sessel. Wie viele Sessel werden für 6 Reihen benötigt?	☐	
Die Blumenfrau hat 42 Rosen. Sie bindet daraus Sträuße. Für jeden Strauß nimmt sie 14 Rosen. Wie viele Sträuße kann sie binden?	☐	
Martin besitzt 8 Murmeln. Er gewinnt 8 dazu. Wie viele Murmeln besitzt Martin jetzt?	☐	

Sachbeispiele, in denen mehrere Dinge zusammengegeben werden müssen, werden durch **ADDITION** gelöst.

> An die Volksschule Grabenberg wird die Schulmilch in zwei Kisten geliefert.
> In der ersten sind 27 Packungen, in der anderen 31 Packungen.
> Wie viele Packungen Milch werden insgesamt an diese Schule geliefert?

Zeichnung:

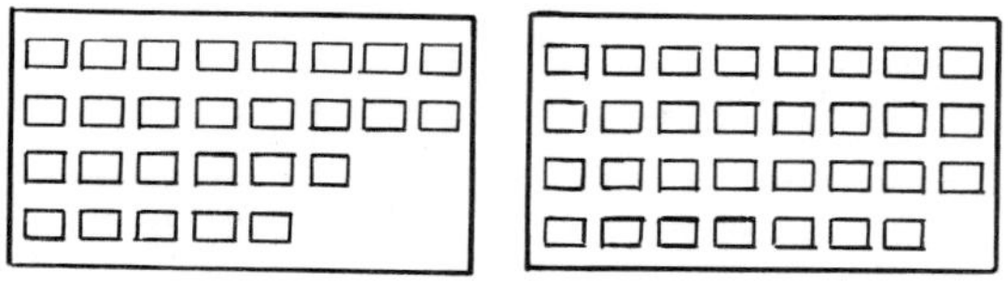

Rechnung: 27 + 31 = 58

Antwort: In die Schule werden 58 Packungen Milch geliefert.

Löse diese Beispiele ebenso (Zeichnung, Rechnung, Antwort)!

Ü 264
Thomas hat in seinem Album schon 65 Bilder eingeklebt.
Er hat weitere 17 Bilder erhalten, die er gleich einklebt.
Wie viele Bilder sind nun im Album?

Ü 265
Silke hat ein Buch mit 70 und eines mit 140 Seiten gelesen.
Wie viele Seiten hat Silke insgesamt gelesen?

Ü 266
Der Obsthändler hat am Vormittag 65 Steigen und am Nachmittag 36 Steigen Äpfel verkauft.
Wie viele Steigen Äpfel hat er insgesamt verkauft?

Ü 267
Die drei dritten Klassen der Volksschule Kamelbach machen einen gemeinsamen Wandertag.
In der 3a sind 26 Kinder, in der 3b sind 27 Kinder und in der 3c sind 24 Kinder.
Wie viele Kinder werden im Gasthaus angemeldet?

Diese Beispiele kannst du leichter lösen, wenn du die schriftliche Addition beherrschst. (Ü 94—Ü 114)

Ü 268
Die Nachmittagsvorstellung besuchten 136 Personen, bei der Abendvorstellung wurden 319 Besucher gezählt.
Wie viele Personen haben insgesamt die Veranstaltung besucht?

Ü 269
Beim Volksfest werden die Autos auf den drei vorhandenen Parkplätzen gezählt.
Auf dem ersten waren 265, auf dem zweiten 397 und auf dem dritten 187.
Wie viele Autos wurden insgesamt geparkt?

Ü 270
Formuliere selbst Sachbeispiele zu diesen Additionen!

48 + 12 =

186 + 279 =

376 + 425 + 267 =

Solche Beispiele werden durch
SUBTRAKTION gelöst.

Von einer gegebenen Anzahl werden Stücke weggenommen.

Stefan hat ein Säckchen mit 45 Briefmarken. Er schenkt seinem Freund Michael 18 davon. Wie viele Briefmarken hat Thomas noch?

Zeichnung: 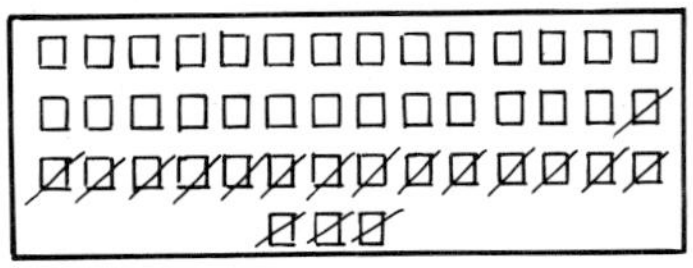

Rechnung: 45 − 18 = 27

Antwort: Thomas hat noch 27 Briefmarken.

Zwei Mengen werden verglichen.

Doris hat ein Buch mit 125 Seiten gelesen. Katrin eines mit 160 Seiten. Wie viele Seiten hat Katrin mehr gelesen.

Zeichnung: 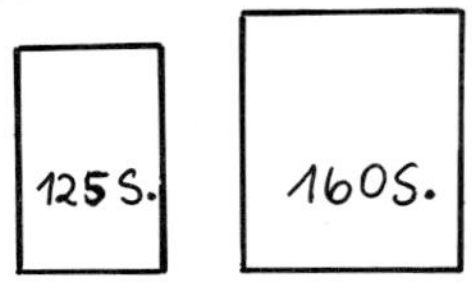

Rechnung: 160 − 125 = 35

Antwort: Katrin hat 35 Seiten mehr gelesen.

Löse diese Beispiele ebenso (Zeichnung, Rechnung, Antwort)!

Ü 271 Der Konditor hat 300 Eier eingekauft.
Für die Herstellung von Biskuittorten wurden bereits 180 Eier verbraucht.
Wie viele Eier können noch für andere Mehlspeisen verwendet werden?

Ü 272 Ein Konzertsaal bietet 450 Plätze, ein anderer 280.
Um wieviel unterscheidet sich das Platzangebot?

Ü 273 Der Eisverkäufer hat eine Packung mit 450 Eistüten geöffnet.
Er hat 220 Eis-Portionen verkauft.
Wie viele Tüten hat er noch?

Ü 274 Renate hat auf einer Wiese 37 Rinder gezählt;
25 davon waren schwarz-weiß gefleckt.

Ü 275 Bernd hat eine Sammlung von 245 Ansichtskarten.
Günters Sammlung beinhaltet 190 Karten.

Diese Beispiele kannst du leichter lösen, wenn du die schriftliche Subtraktion beherrschst.
(Ü 115—Ü 134)

Ü 276 An ein Großkaufhaus werden 645 Mäntel geliefert.
Von diesen wurden bereits 287 verkauft.
Wie viele Mäntel können noch verkauft werden?

Ü 277 In einer Stadt gibt es zwei Theatersäle; einer hat 319 Plätze, der andere 196.
Wie groß ist der Unterschied zwischen den beiden Sälen?

Ü 278 Alois hat in seinem Sagenbuch, das 295 Seiten stark ist, schon 117 Seiten gelesen.
Wie viele Seiten muß er noch lesen?

Ü 279 Formuliere selbst Sachbeispiele zu diesen Subtraktionen!

80 — 52 =　　　700 — 265 =　　　476 — 198 =

Sachbeispiele, in denen die gleiche Anzahl von Dingen öfter genommen werden muß, werden durch MULTIPLIKATION gelöst.

> Werner hat sich ein Sammelalbum gekauft. Auf jede Seite kann er 8 Bilder von Sportlern kleben. Wie viele Bilder kann er auf die 15 Seiten des Albums kleben?

Zeichnung:

Rechnung: 15 . 8 = 120

Antwort: Er kann 120 Bilder einkleben.

Löse diese Beispiele ebenso (Zeichnung, Rechnung, Antwort)!

Ü 280 Die Heftklammern für die Büroheftmaschine sind zu 50 Stück verpackt. In einer Schachtel sind 10 solche Bündel. Wie viele Heftklammern sind in einer Schachtel?

Ü 281 Manuela hat sich 5 Schreibblöcke mit je 24 Blättern gekauft. Wie viele Blätter kann Manuela vollschreiben?

Ü 282 In der Gasthausküche stehen 8 Stapel Teller. Jeder Stapel faßt 25 Teller. Wie viele Teller hat der Wirt zur Verfügung?

Ü 283 Wie viele Farbstifte sind in 10 Päckchen zu je 24 Stiften?

Ü 284 Der Eierhändler liefert 15 Packungen Eier an die Großküche. Jede Packung enthält 10 Eier. Wie viele Eier haben die Köche zur Verfügung?

Ü 285 Bei der Tankstelle werden an 15 Autos jeweils alle 4 Reifen gewechselt. Wie viele Reifen wurden insgesamt gewechselt.

Diese Beispiele kannst du leichter lösen, wenn du die schriftliche Multiplikation beherrschst! (Ü 154—Ü 164)

Ü 286 Im Gartenfachgeschäft gibt es Blumen-Anzuchttöpfe zu kaufen. Sie sind in Packungen zu je 4 Stück erhältlich. Wie viele solche Blumen-Anzuchttöpfe sind in 120 Packungen?

Ü 287 Der Tischlermeister kauft 3 Packungen Schrauben mit je 250 Stück Inhalt.

Ü 288 Auf einem Karton sind 24 Druckknöpfe verpackt. Die Schneiderin besorgt sich 6 solche Kartons. Wie viele Druckknöpfe hat sie nun auf Lager?

Ü 289 In einem Karton sind 60 Packungen Orangensaft enthalten. Ein Kaufmann läßt sich 8 solche Kartons liefern. Wie viele Packungen Orangensaft hat er jetzt vorrätig?

Ü 290 Formuliere selbst Sachbeispiele zu folgenden Multiplikationen!

25 . 3 =   70 . 8 =   125 . 4 =

Solche Beispiele werden durch
DIVISION gelöst.

Eine Menge wird in gleich starke Gruppen eingeteilt.

Frau Rosinger kauft sich 75 Stück Balkonblumen. Immer 5 setzt sie in ein Kistchen. Wie viele Kistchen kann sie mit diesen Blumen bepflanzen?

Zeichnung: 

Rechnung: 75 Pfl. : 5 Pfl. = 15

Antwort: Sie kann 15 Kistchen bepflanzen.

Eine Menge wird in eine vorgegebene Anzahl von Teilen aufgeteilt.

Auf dem Parkplatz werden 48 Autos in vier Reihen geparkt.
Wie viele Autos werden in einer Reihe abgestellt?

Zeichnung: 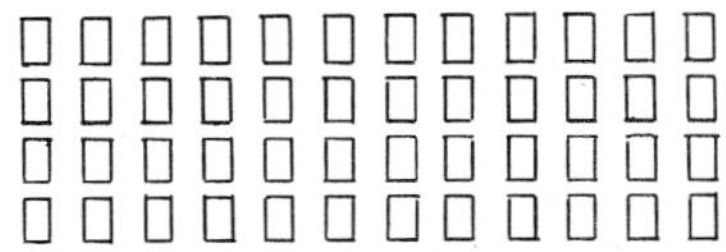

Rechnung: 48 A. : 4 = 12 A.

Antwort: In einer Reihe stehen 12 Autos.

Löse diese Beispiele ebenso (Zeichnung, Rechnung, Antwort)!

Ü 291 Sandra hat 60 Schlüsselblumen gepflückt. Sie will daraus 3 gleich große Sträuße binden.
Wie viele Blumen enthält jeder Strauß?

Ü 292 75 Bonbons werden an 5 Kinder gleichmäßig verteilt.
Wie viele Bonbons erhält jedes Kind?

Ü 293 72 Farbstifte werden in Packungen zu je 6 Stück verpackt.
Wie viele Packungen können hergestellt werden?

Ü 294 Im Eisenwarengeschäft werden jeweils 6 Haken extra verpackt.
Der Lehrling muß 45 Haken verpacken.
Wie viele Packungen kann er herstellen?

Diese Beispiele kannst du leichter lösen, wenn du die schriftliche Division beherrschst!
(Ü 173—Ü 182)

Ü 295 Susi fädelt Kastanien zu Ketten. Sie hat 125 Kastanien gesammelt.
Wie viele Ketten kann sie basteln, wenn sie auf jede Kette 9 Kastanien auffädelt?

Ü 296 Petra hat 350 Bierdeckel geschenkt bekommen. Sie teilt sie an ihre drei Freundinnen aus.
Wie viele erhält jede?

Ü 297 In der Gärtnerei werden junge Zimmerpflanzen in Packungen zu je 4 Stück verpackt.
Der Gärtner hat 600 Pflanzen zu verpacken. Wie viele Päckchen kann er machen?

Ü 298 Formuliere selbst Beispiele zu diesen Divisionen!

100 : 4 = 70 : 10 = 350 : 7 =

Sachbeispiele für alle Grundrechnungsarten

In diesen Beispielen wird mit verschiedenen Maßen gerechnet.
Versuche, die Rechnungen auch zu zeichnen! Löse sie im Übungsheft!

Ü 299 Im Blumengeschäft werden Rosen zum Preis von 14 S je Stück angeboten.
Wieviel kostet ein Strauß mit 7 Rosen?

Ü 300 Für 8 Säcke Zement bezahlt Herr Huber im Baufachgeschäft 600 S.
Wieviel kostet ein Sack Zement?

Ü 301 Tonis Vater kauft in der Konditorei 4 Portionen Eis zu je 24 S.
Wieviel zahlt er dafür?

Ü 302 Rudi bekommt zwei neue Hemden. Eines kostet 297 S, das zweite 349 S.
Wieviel muß Rudis Mutter dafür an der Kassa bezahlen?

Ü 303 Klaus läuft in der Langlaufloipe 3 Runden und braucht dazu genau eine Stunde.
Wie lange hat er durchschnittlich für eine Runde gebraucht?

Ü 304 Die Kinder stellen für den Weihnachtsbasar Christbaumschmuck her.
Für jedes Stück wird 25 cm Borte gebraucht.
Wieviel Borte brauchen die Kinder für vier Stück?

Ü 305 Der Fleischhauer hat von einem Fleischstück mit einem Gewicht von 90 dag ein 55 dag schweres Stück heruntergschnitten.
Wie schwer ist das verbleibende Stück?

Ü 306 Familie Graser lagert Kartoffeln für den Winter ein.
Es werden am Markt 5 Säcke zu 30 kg gekauft.
Wieviel kg Kartoffeln kann Familie Graser im Winter verbrauchen?

Ü 307 Wieviel kg Bananen kann Markus um 45 S kaufen, wenn sie im Sonderangebot um 9 S je kg angeboten werden?

Ü 308 Im Garten steht ein Bottich, der 200 l Wasser faßt.
Wie oft kann ein Kübel mit 9 l Fassungsvermögen aus dem vollen Bottich gefüllt werden?

Ü 309 Petra erhält einen neuen Mantel. Er kostet 895 S.
Wieviel erhält die Mutter noch an der Kassa zurück, wenn sie mit einem Tausender bezahlt?

Ü 310 Im Kaufhaus wird ein 5-kg-Sack mit Sonnenblumenkernen um 70 S angeboten.
Wieviel kostet bei diesem Angebot 1 kg Sonnenblumenkerne?

Ü 311 Beim Kuchenbacken hat die Mutter aus einer Halbkilopackung Staubzucker 36 dag Zucker benötigt.
Wieviel Zucker verbleibt im Sack?

Ü 312 Bei einem Skilanglauf braucht Sieglinde für die erste Teilstrecke 48 min und für die 2. Teilstrecke 56 min. Wie lange hat sie insgesamt gebraucht?

Ü 313 An einem 255 m langen Straßenstück wird an beiden Seiten eine Leitschiene montiert.
Wieviel m Leitschienen müssen bestellt werden?

„Dreipunkt“ als Lösungshilfe

In jeder dieser Textrechnungen sind zwei Größen angegeben. Nach der dritten Größe ist gefragt.

In einer 3. Klasse sind 12 Knaben und 11 Mädchen. Wie viele Schüler sind insgesamt in der Klasse?

Rechnung: ______________________

Antwort: ______________________

Suche diese drei Größen aus dem Text heraus!
Überlege, welche Art von Grundsituationen vorliegt und löse das Beispiel!

Ü 314

Thomas hat einen Turm mit 14 Bausteinen gebaut.
Günter baut daneben einen Turm mit 17 Bausteinen. Wie viele Bausteine ist Günters Turm höher?

Rechnung: ______________________

Antwort: ______________________

Ü 315

Veronika hat 70 Kastanien gesammelt. Für Bastelarbeiten hat sie bereits 38 verbraucht.
Wie viele Kastanien hat sie noch?

Rechnung: ______________________

Antwort: ______________________

Löse diese Beispiele ebenso im Übungsheft!

Ü 316

In der Arbeitergasse wird eine neue Gasleitung verlegt. Sie muß 240 m lang werden.
Es werden 6 m lange Rohre dafür verwendet. Wie viele Rohre werden gebraucht?

Ü 317

Robert hat 100 S bekommen. Er kauft sich eine Taschenlampe um 65 S.
Wieviel Geld bleibt ihm?

Schreibe selbst Rechnungen zu diesen Angaben! Löse die selbstgestellten Beispiele!

Ü 318

Regulärer Preis	Preis im Ausverkauf	Ersparnis
760,—	590,—	?

Text: ______________________________

____

Frage: ______________________________

Rechnung: ______________ Antwort: ______________

______________ ______________

Ü 319

Gesamtzahl der Kinder der Klasse	Zahl der Mädchen	Zahl der Buben
25	13	?

Text: ______________________________

____

Frage: ______________________________

Rechnung: ______________ Antwort: ______________

______________ ______________

Ü 320

Ernte vom 1. Apfelbaum	Ernte vom 2. Apfelbaum	Gesamternte
45 kg	62 kg	?

Text: ______________________________

____

Frage: ______________________________

Rechnung: ______________ Antwort: ______________

______________ ______________

Ü 321

Preis einer Fahrkarte	Anzahl der gekauften Fahrkarten	Gesamtpreis aller Fahrkarten
175 S	4	?

Text: ______________________________

____

Frage: ______________________________

Rechnung: ______________________________

Antwort: ______________________________

____

Pfeilbild

Viele Rechenbeispiele lassen sich in einem **Pfeilbild** darstellen.

Welche Zahl erhältst du, wenn du 136 mit 4 multiplizierst?

Pfeilbild:

Rechnung:

Antwort: ______________________________

Löse auch diese Beispiele mit einem Pfeilbild!

Ü 322

Welche Zahl erhältst du, wenn du 187 von 400 wegzählst?

Pfeilbild:

Rechnung:

Antwort: ______________________________

Ü 323

Welche Zahl mußt du mit 7 multiplizieren, um 63 zu erhalten?

Pfeilbild:

Rechnung:

Antwort: ______________________________

Ü 324

Welche Zahl erhältst du, wenn du 129 durch 3 dividierst?

Pfeilbild:

Rechnung:

Antwort: ______________________________

Löse diese Beispiele ebenso im Übungsheft:

Ü 325 Welche Zahl muß man von 58 wegzählen, um 40 zu erhalten?

Ü 326 Welche Zahl ist um 150 größer als 200?

Ü 327 Welche Zahl muß man durch 5 dividieren, um 8 zu erhalten?

Ü 328 Welche Zahl ist um 20 kleiner als 115?

Ü 329 Wie heißt die Zahl, die um 60 größer als 190 ist?

Ü 330 Welche Zahl muß man mit 5 multiplizieren, um 150 zu erhalten?

Ü 331 Löse die Beispiele und trage dann den Buchstaben in den Zahlenbereich am Zahlenstrahl ein, in dem das Ergebnis liegt!

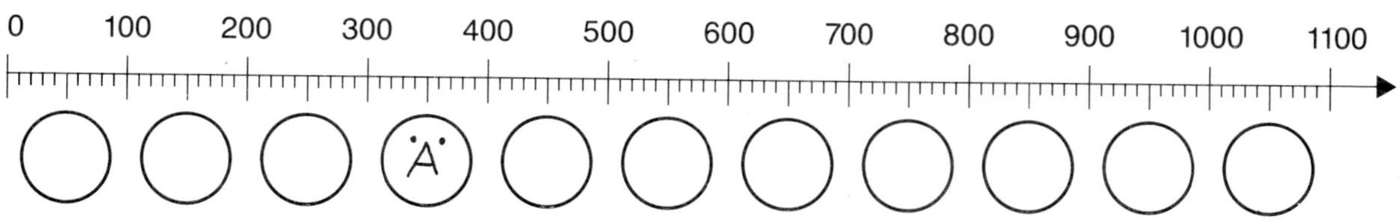

Thomas kauft sich Kleider um 630 S. Seine Mutter bezahlt mit einem Tausend-Schilling-Schein. Wieviel S erhält sie zurück? (Ä)

(C) Christa hat ein Buch mit 210 Seiten gelesen. Gabi eines mit 90. Wie viele Seiten hat Christa mehr gelesen?

Ein Buch kostet 110 S. Herbert kauft sich 6 solche Bücher. (K)

(I) Wieviel Geld erhältst du zurück, wenn du einen Rechnungsbetrag von 80 S mit einem Tausender bezahlst?

Toni hat schon 170 Briefmarken gesammelt. Sein Bruder Rudi hat nur halb so viele. Wie viele Briefmarken hat Rudi? (S)

(N) Mario hat 480 S in seiner Sparbüchse. Er gibt weitere 400 S dazu. Wieviel Geld hat er jetzt in der Sparbüchse?

Toni wünscht sich Kassetten. In der Auslage sieht er die gewünschten drei Kassetten. Jede Kassette kostet 150 S. Wieviel kosten alle drei? (T)

(Z) Im Lebensmittelgeschäft wurden 1 000 Packungen Milch in das Regal gestellt. Am Vormittag wurden 450 davon verkauft.

Herr Huber fährt mit dem Auto eine 510 km lange Strecke hin und zurück. Wieviel km hat er dabei zurückgelegt? (G)

(Ö) Jeder von 5 Buben besitzt eine 150 m lange Drachenschnur. Wie weit würde diese reichen, wenn sie sie aneinanderknüpften?

(H) Für vier Gartenstühle muß man 840 S bezahlen. Wieviel kostet ein Stuhl?

T 12 *Überprüfe dich selbst!*

1. Die Gemüsefrau hat am Vormittag 45 Häuptel und am Nachmittag 21 Häuptel Salat verkauft. Wie viele Häuptel Salat hat sie insgesamt verkauft? ☐ P.(6)

2. Der Gärtner hat 140 Blumen gekauft. Er bindet daraus Sträuße mit je 9 Blumen. Wie viele Sträuße kann er binden? ☐ P.(6)

3. Wie viele Farbstifte sind in 8 Packungen zu je 12 Stiften enthalten? ☐ P.(6)

4. Der Kinosaal faßt 160 Personen. Für eine Vorstellung wurde 87 Karten verkauft. Wie viele Plätze sind noch leer? ☐ P.(6)

5. Der Fleischhauer hat ein 2 kg schweres Fleischstück. Er schneidet davon ein Stück mit 75 dag weg. Wieviel Fleisch verbleibt ihm? ☐ P.(6)

6. Im Garten steht ein Bottich mit 108 l Wasser. Das Wasser wird in 6 Gefäße gefüllt, in jedes gleich viel. Wieviel l Wasser kommt in jedes Gefäß? ☐ P.(6)

Punktesumme ☐ P. (36)
Durchschnittszeit: 15 min

Arbeitszeit: ☐ min

Gewinn: + ☐ P. (2 P./min)

Abzug: — ☐ P. (2 P./min)

Endstand: ☐ P.

Auswertungsschlüssel:

ab 37 P.:	Meisterleistung
ab 33 P.:	Ausgezeichnet
ab 25 P.:	Eine gute Arbeit
ab 18 P.:	Befriedigend (Übe das, was dir noch Schwierigkeiten macht!)
unter 18 P.:	Du mußt noch üben!

Ü 332

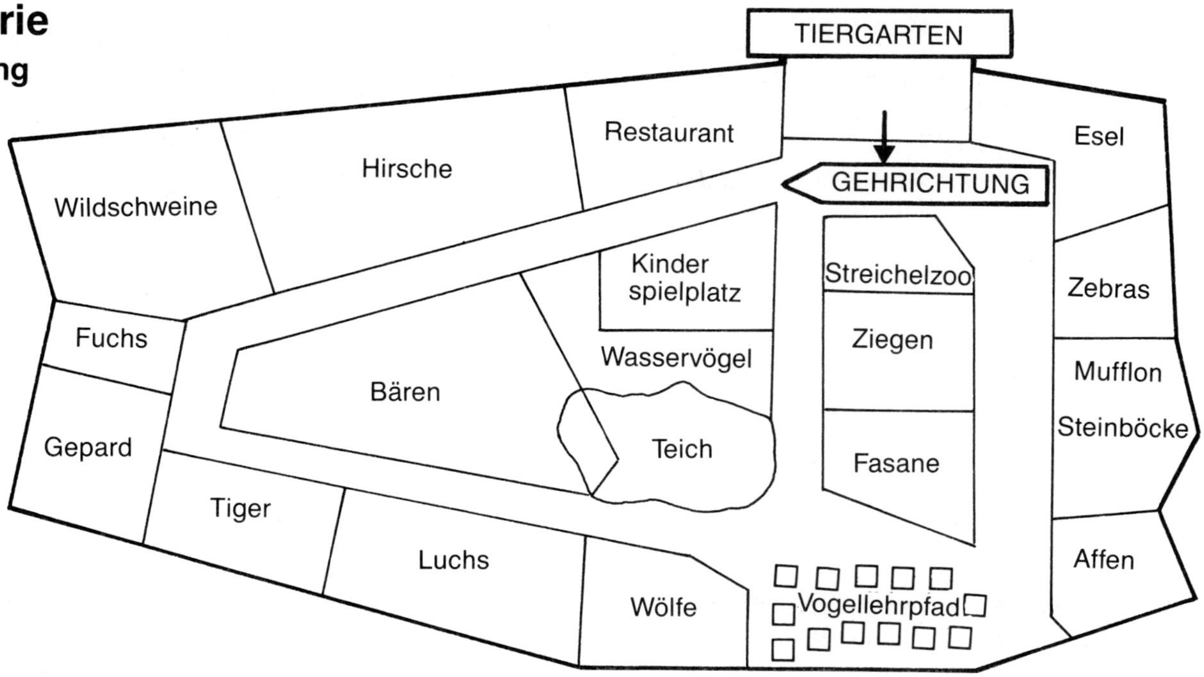

Welche Tiere siehst du rechts vom Weg?
Wie mußt du gehen, wenn du alle Tiere sehen möchtest (auch alle Vögel)? Zeichne den Weg ein!

Ü 333

Wer findet den Schatz?

o = nach oben
l = nach links
r = nach rechts

Die Zahl sagt dir die der Schritte!

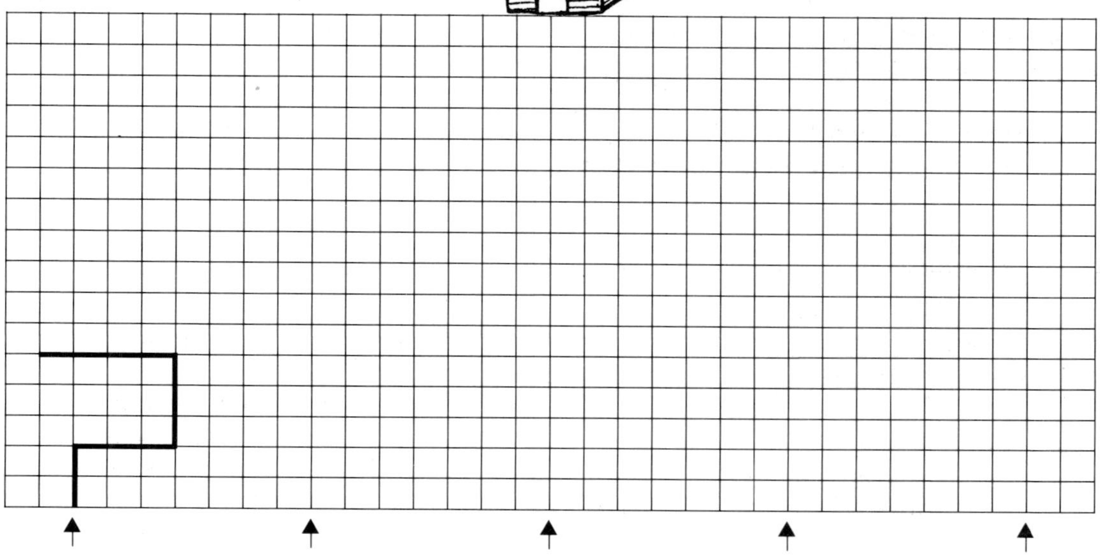

Jack
2 o - 3 r - 3 o - 4 l - 2 o - 8 r - 4 o - 3 r - 4 o - 2 r - 1 o

Joe
3 o - 11 r - 6 o - 8 r - 2 o - 13 l - 2 o - 4 l - 2 o - 4 r - 1 o

Jim
1 o - 5 l - 4 o - 5 l - 4 o - 6 l - 3 o - 16 r - 2 o

Charlie
8 o - 9 l - 4 o - 10 r - 1 o - 4 r - 2 o - 12 l - 1 o

George
2 o - 9 l - 5 o - 10 r - 3 o - 6 l - 4 o - 8 l - 2 o

Zeichenübungen

Parallele Linien zeichnen

Ü 334

Auf dem Geo-Dreieck sind parallele Linien zur längsten Seite eingezeichnet.

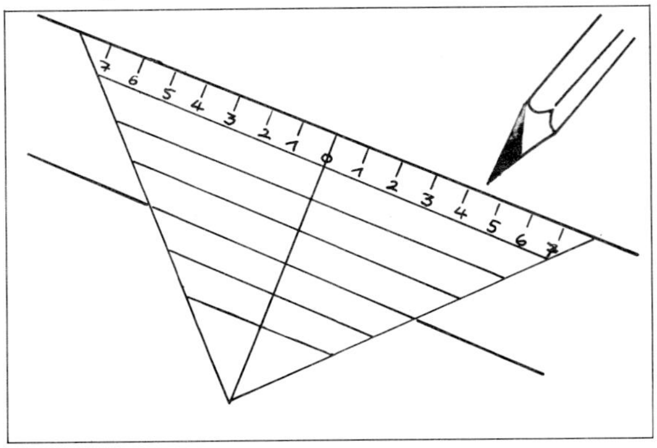

Hier findest du 3 Gruppen mit jeweils zueinander parallelen Linien. Zieh die zueinander parallelen Linien in gleicher Farbe nach!

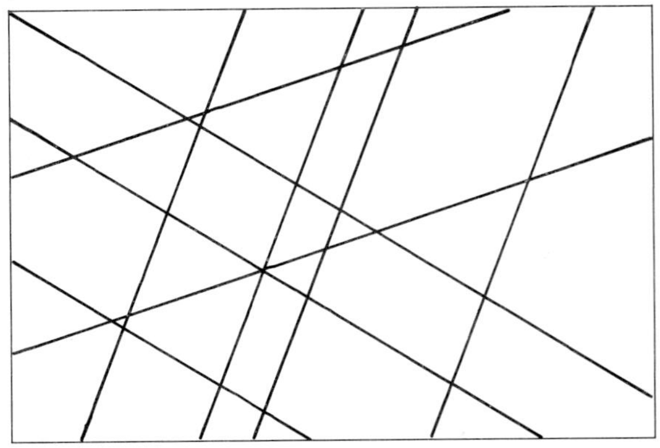

Welche der Linien sind parallel zur Linie
a: ____________ b: ____________

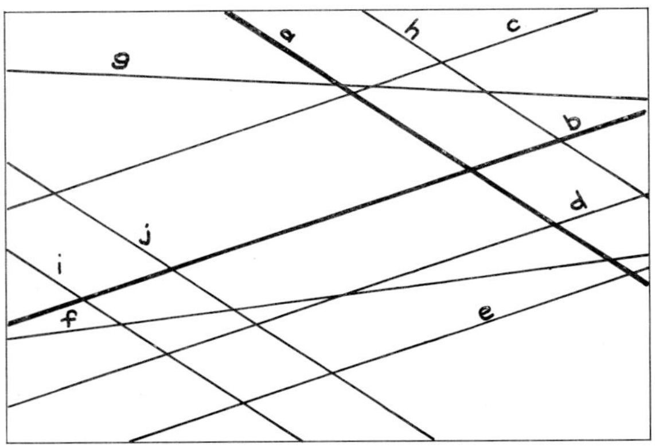

Zeichne mit einem Geo-Dreieck 5 parallele Linien zu dieser Linie!

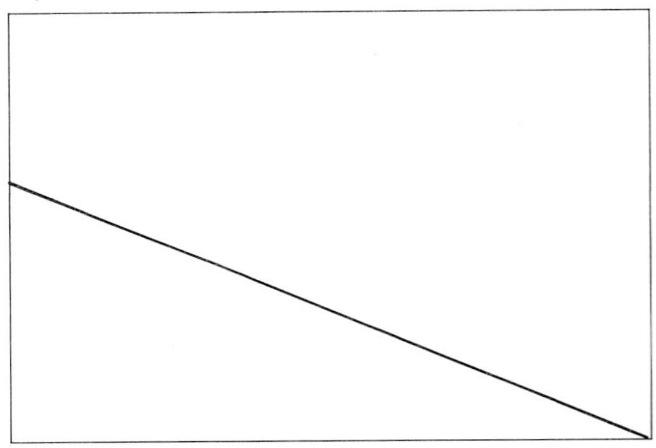

Zeichne eine parallele Linie im Abstand von 2 cm zu dieser Linie!

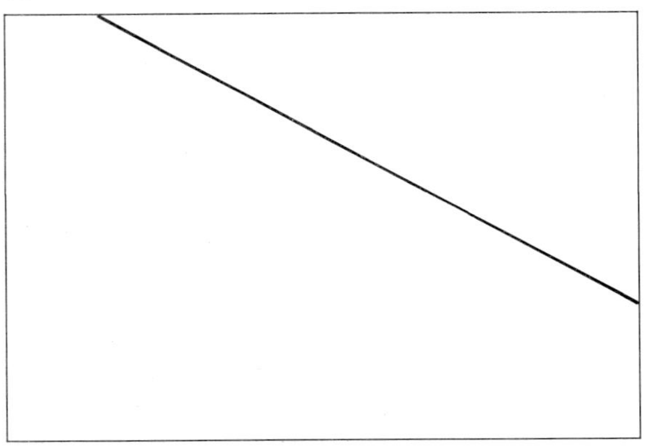

Zeichne zur vorgegebenen Linie parallele Linien durch die vorgegebenen Punkte!

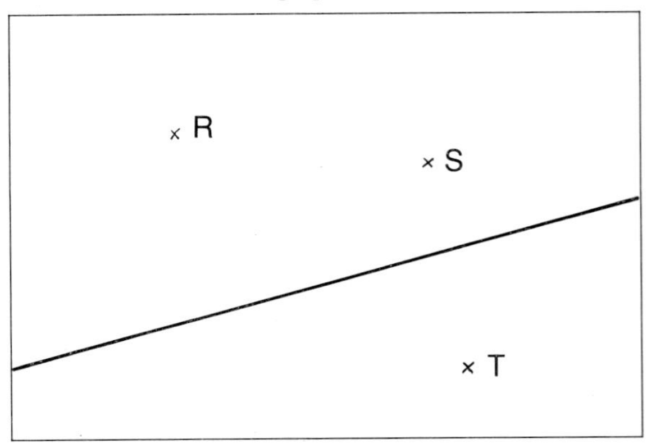

Rechte Winkel zeichnen

Ü 335

Mit der Mittellinie des Geodreiecks kann man leicht rechte Winkel zeichnen!

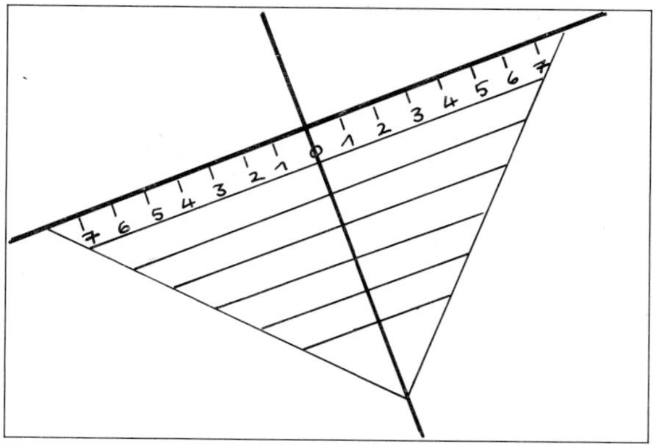

Zeichne 5 Linien, die mit der vorgegebenen Linie einen rechten Winkel bilden!

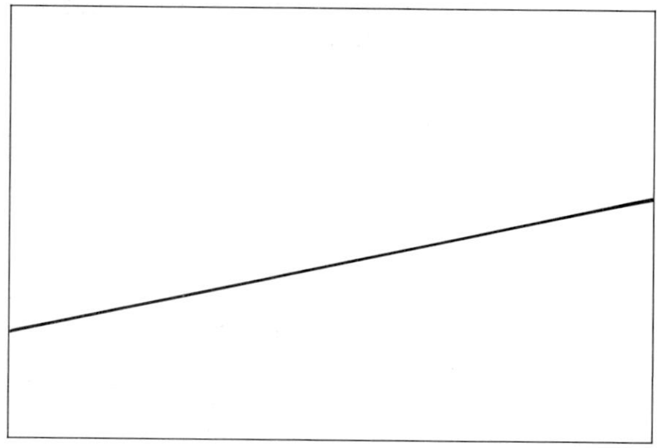

Wie viele rechte Winkel findest du hier? Kennzeichne sie!

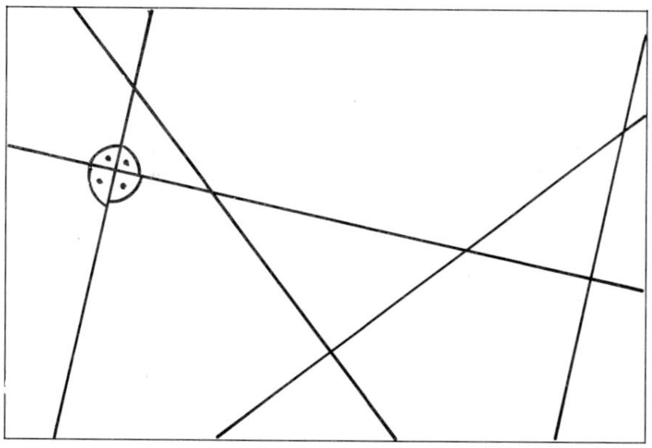

Welche der Geraden bilden mit der Geraden a einen rechten Winkel?

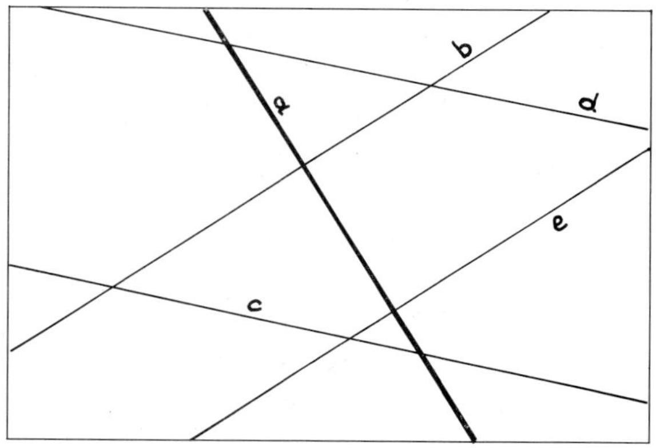

Zeichne Geraden, die mit der gegebenen Geraden einen rechten Winkel bilden und durch die angegebenen Punkte gehen!

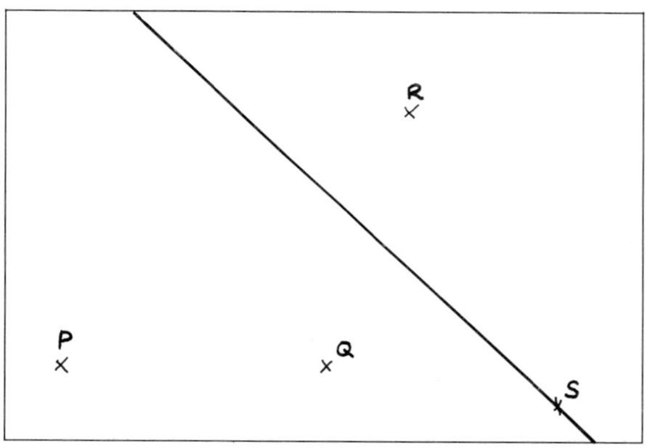

Zeichne eine Gerade, die mit der Geraden a einen rechten Winkel bildet!

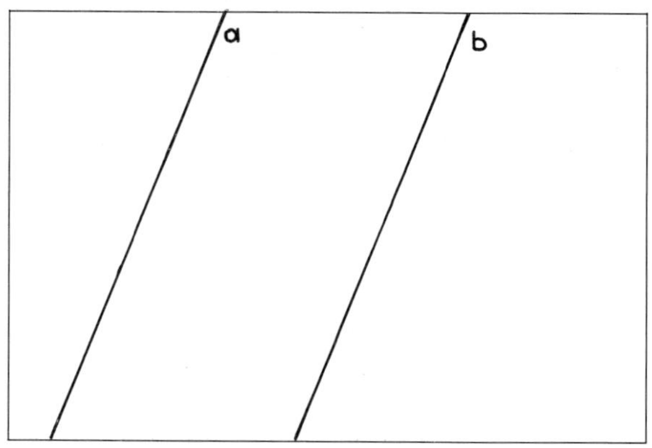

Ü 336 Kennzeichne in den Figuren die parallelen Geraden! Zeichne die rechten Winkel ein!

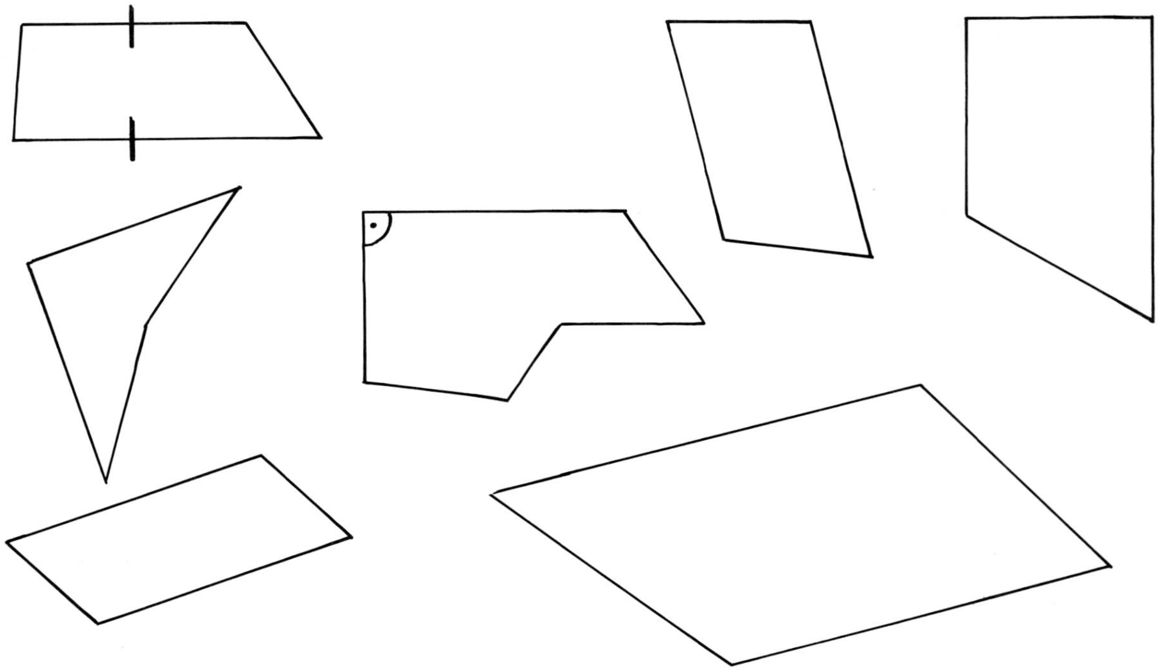

Ü 337 Vervollständige die geometrischen Muster!

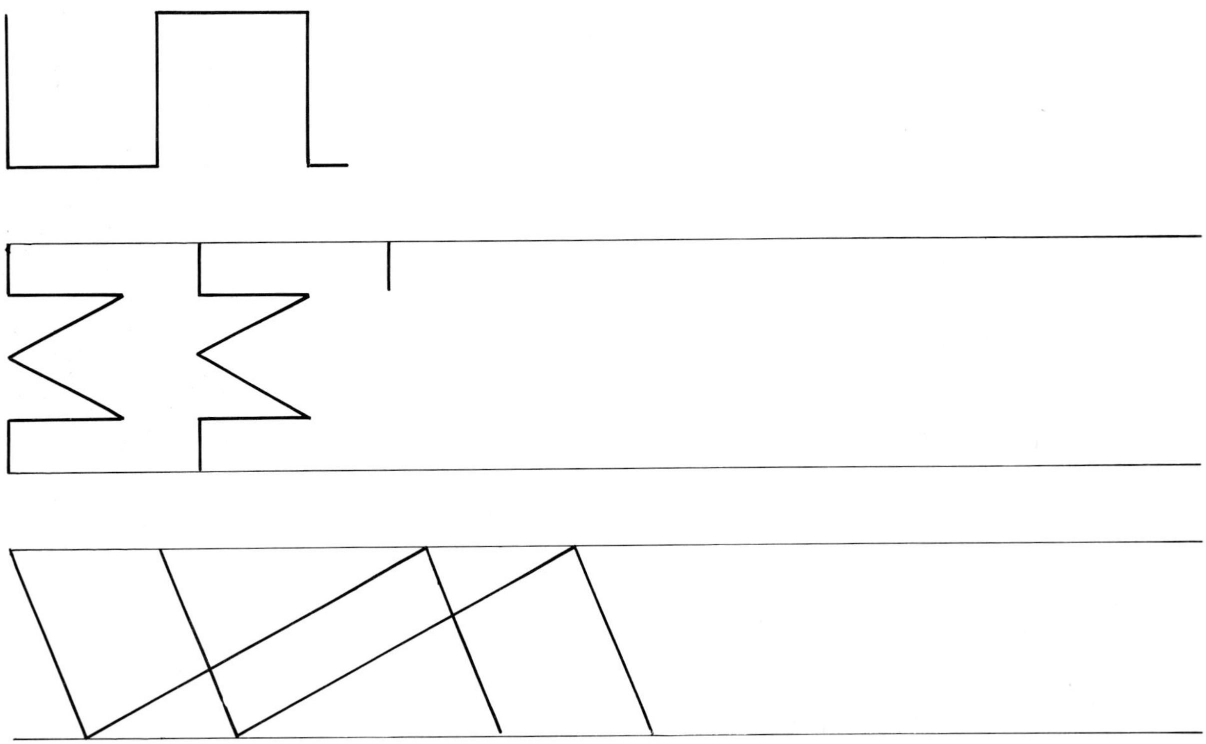

Ü 338 Vervollständige die Rechtecke!

Ü 339 Die Spielpläne für „Mühle“ und „Fuchs und Henne“ kannst du leicht selbst herstellen!
Nimm dazu jeweils ein quadratisches Kartonstück mit 30 cm Seitenlänge!
Die Maße für die Spielpläne sind auf den Zeichnungen angegeben!

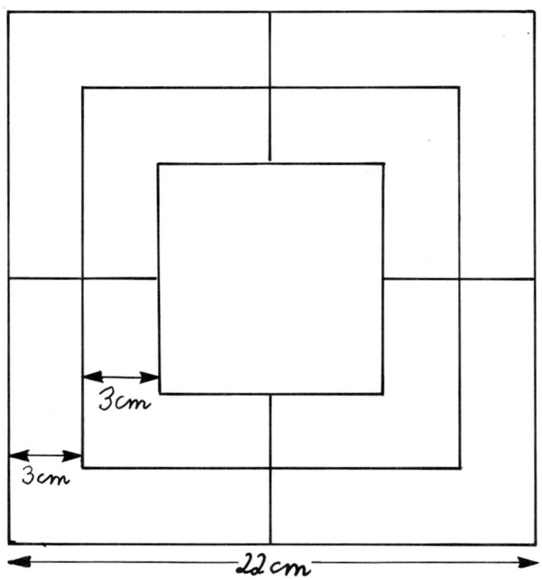

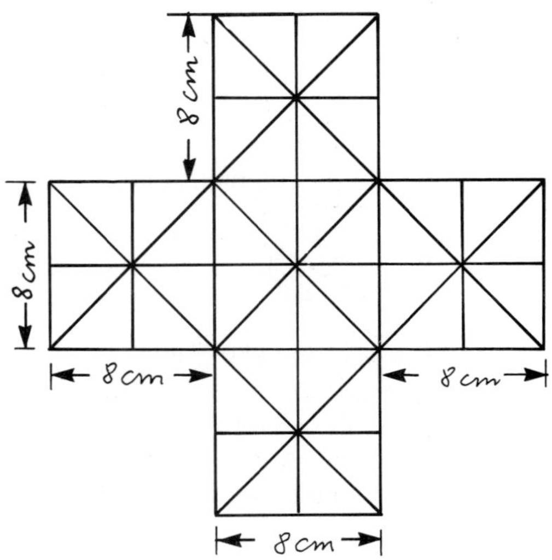

Viel Spaß beim Spiel!

Körper

Ü 340 Aus Knetmasse (Ton, Plastilin, Salzteig, . . .) kannst du geometrische Körper formen.

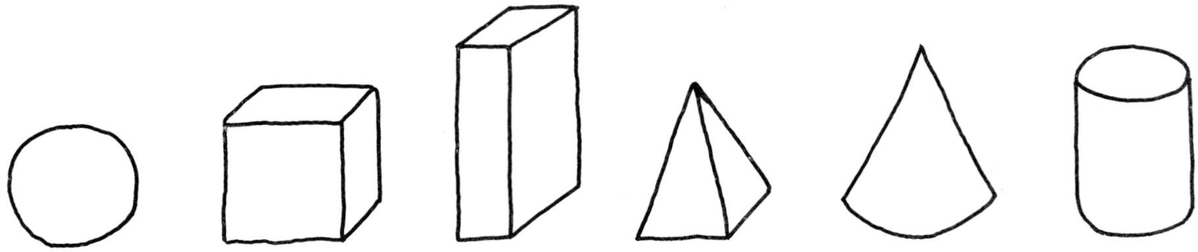

Ordne den Körpern die richtigen Namen zu!

Kugel Kegel Pyramide Würfel Prisma (Quader) Zylinder

An welchen dieser Körper kannst du diese Flächen sehen?

Quadrat

Rechteck

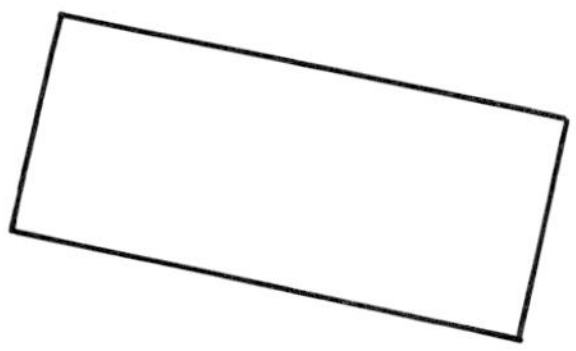

Kreis

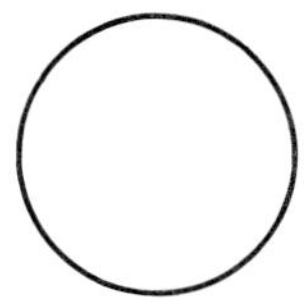

Dreieck

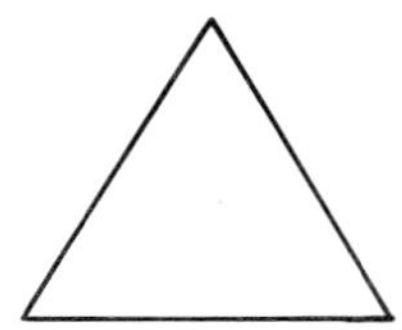

Ü 341 Schneide aus einer rohen Kartoffel einen Würfel zurecht!

Bemale nun alle Seiten mit Wasserfarbe!
Leg den Würfel auf ein Stück Löschpapier und kippe ihn so oft um eine Kante, bis alle 6 Flächen auf dem Papier abgedrückt sind!
So erhältst du das Netz des Würfels.

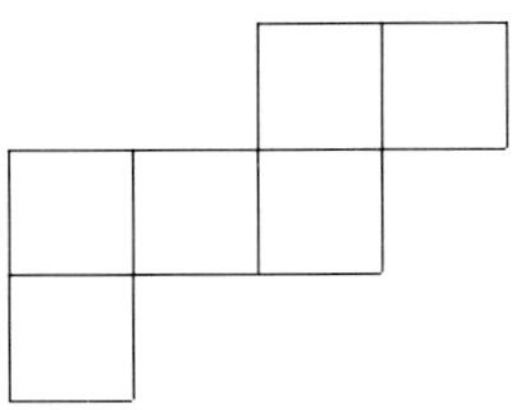

Überprüfe ebenso, ob dies auch solche Netze von Würfeln sind!

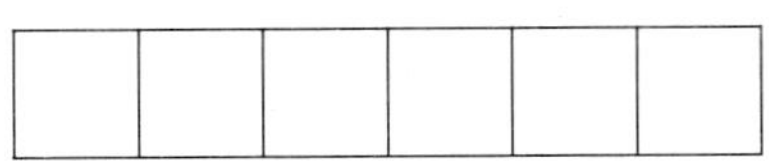

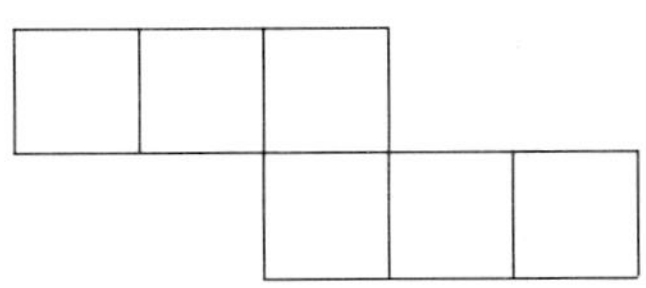

Ü 342 Nimm eine Streichholzschachtel und kippe sie, wie in den Bildern vorgegeben! Jede Seitenfläche soll nur einmal aufliegen. Wo wurde gemogelt?

Ü 343 Leg eine Streichholzschachtel auf ein Stück Papier, kippe sie wie angegeben und zeichne die Umrisse der am Papier liegenden Fläche!

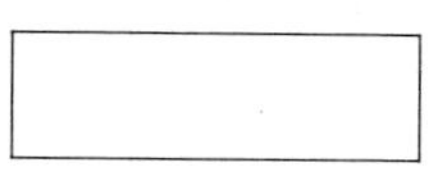

nach rechts — nach vorne — nach vorne — nach rechts — nach vorne

nach hinten — nach hinten — nach links — nach hinten — nach hinten

Ü 344 Aus Zahnstochern und kleinen Kartoffelstückchen kannst du dir das Kantenmodell eines Würfels bauen. Verwende dazu gleich lange Zahnstocher!
Schneide aus einer rohen Kartoffel kleine Würfelchen!

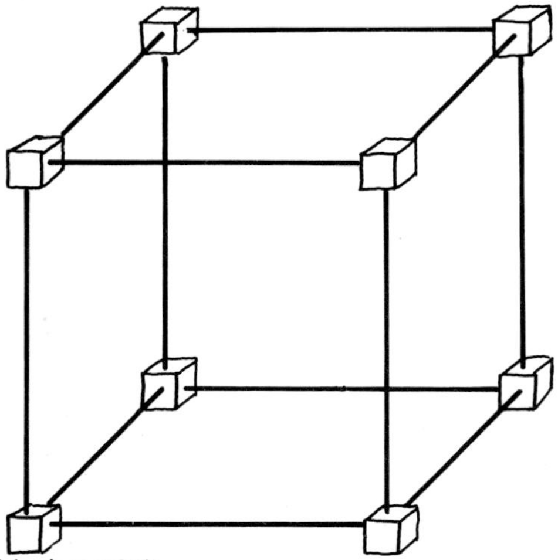

Kreuze die richtigen Antworten an!

Zur Herstellung des Würfels brauche ich:

○ 4 Zahnstocher
○ 8 Zahnstocher
○ 10 Zahnstocher
○ 12 Zahnstocher

○ 4 Kartoffelstückchen
○ 6 Kartoffelstückchen
○ 8 Kartoffelstückchen
○ 10 Kartoffelstückchen

Toni behauptet:
„Mein Würfel besteht aus 24 Zahnstochern, nämlich 4 unten, 4 oben, 4 vorne, 4 hinten, 4 rechts und 4 links; sechsmal vier Stäbe gleich 24 Stäbe!" Was sagst du zu Tonis Behauptung?"

Ü 345 Falte dir aus einem Stück Papier einen rechten Winkel!

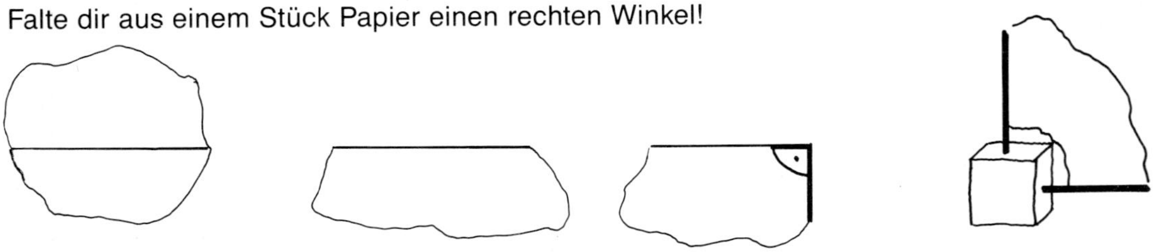

Wie oft kannst du den rechten Winkel zwischen die Zahnstocher einlegen?
(Damit das Kartoffelstück nicht stört, darfst du die Spitze wegschneiden!)

Ü 346 Welche Möglichkeiten hat die Spinne, von A nach G zu gelangen?
(Es sind keine Umwege erlaubt und es darf jeder Eckpunkt nur einmal betreten werden.)

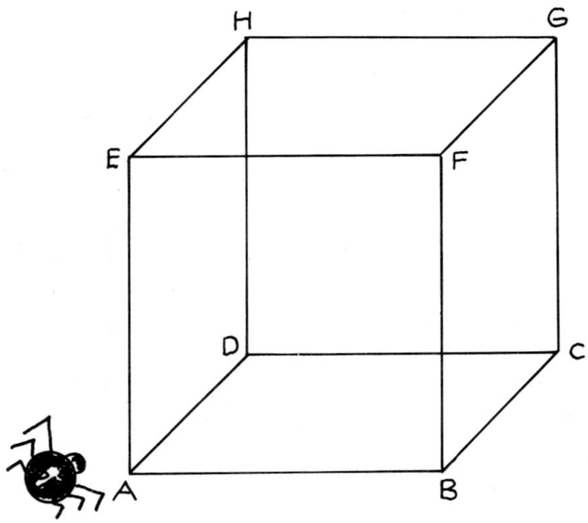

Zeichne die möglichen Wege mit verschiedenen Farben ein und schreib sie auf!

A — ______________________ — G

A — ______________________ — G

A — ______________________ — G

A — ______________________ — G

A — ______________________ — G

A — ______________________ — G

Ü 347

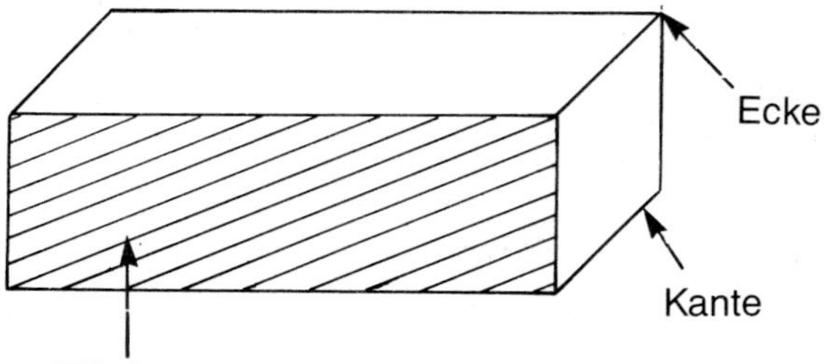

	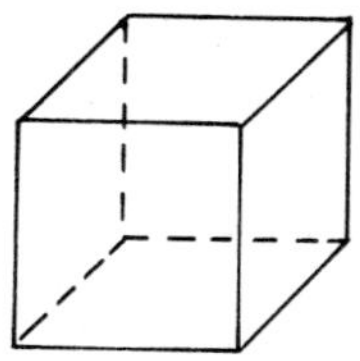	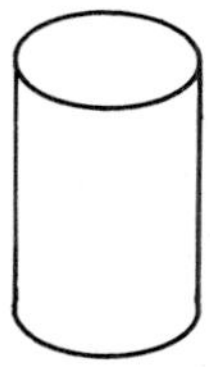	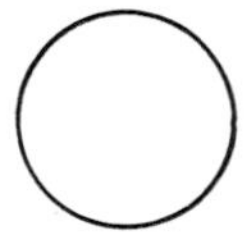	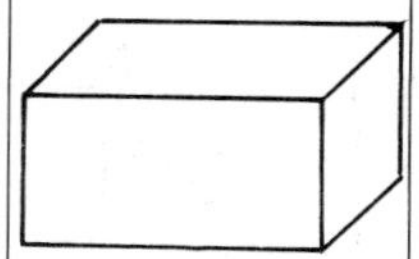	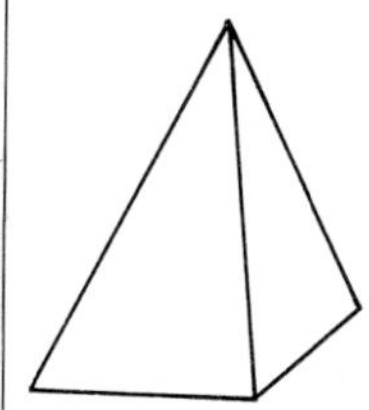
Name					
Anzahl der Ecken					
Anzahl der Kanten					
Anzahl der Begrenzungsflächen					
Anzahl der gleich großen Flächenpaare					

Ü 348 Aus wieviel Körpern sind diese Figuren zusammengesetzt?

Würfel: ____

Zylinder: ____

Kugeln: ____

Prismen: ____

Pyramiden: ____

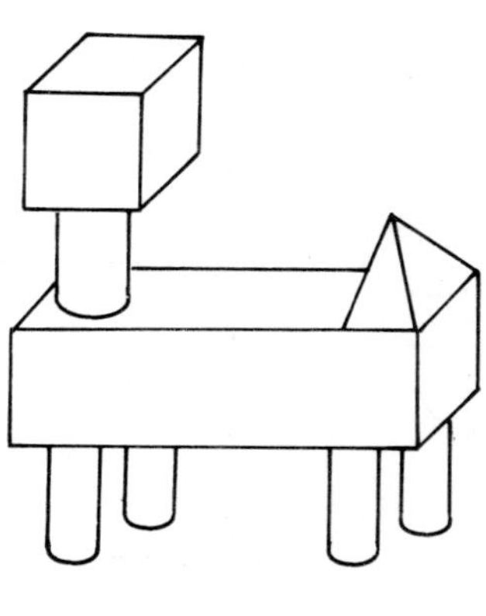

Würfel: ____

Zylinder: ____

Kugeln: ____

Prismen: ____

Pyramiden: ____

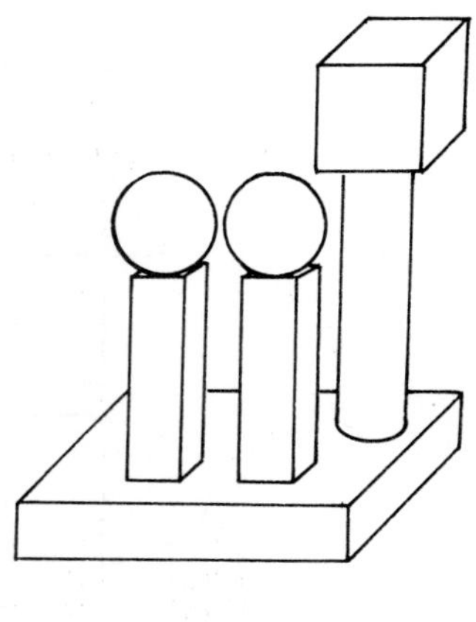

Flächen

Ü 349

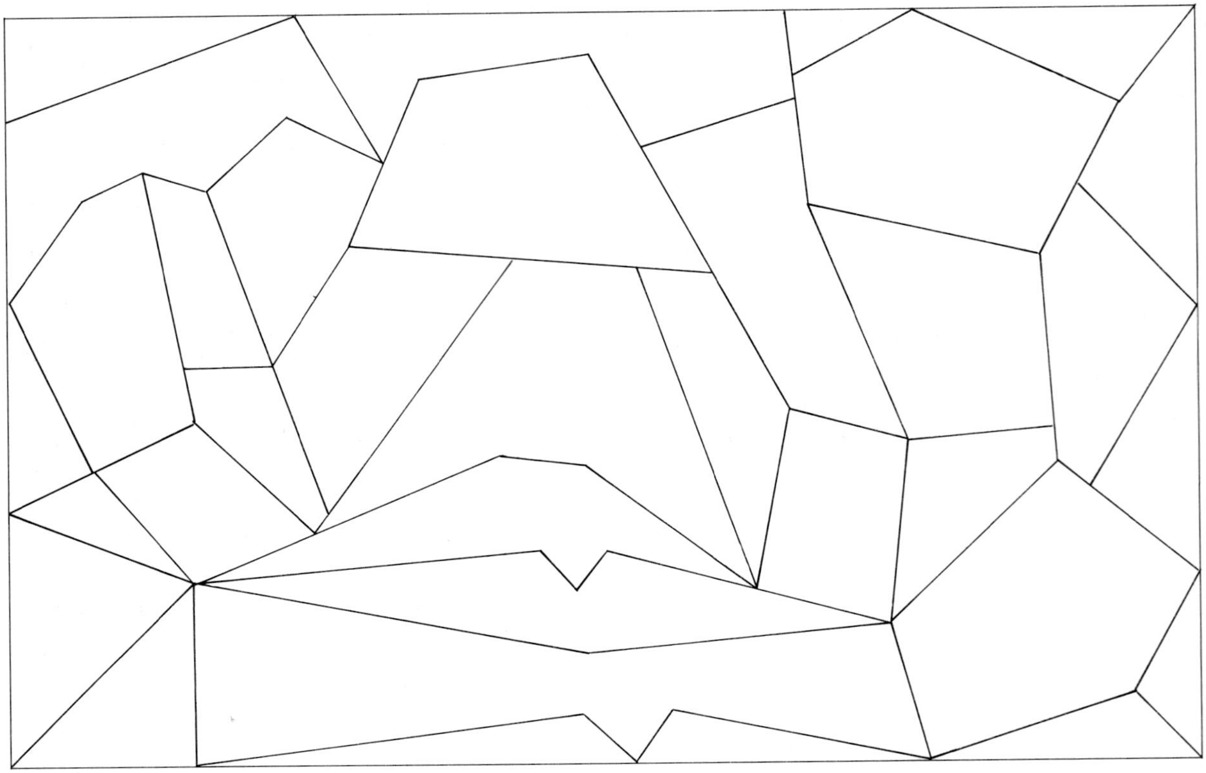

Bemale alle Dreiecke gelb, und alle Vierecke braun,
alle Fünfecke orange, alle Sechsecke rot,
alle Siebenecke schwarz alle Achtecke violett!

Ü 350

Jede dieser Figuren ist in den Bildern unten dreimal gezeichnet, eine aber nur zweimal.
Welche Figur ist das jeweils?

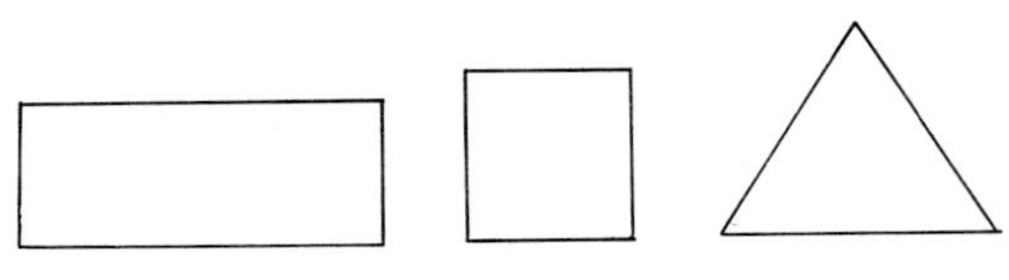

Ü 351

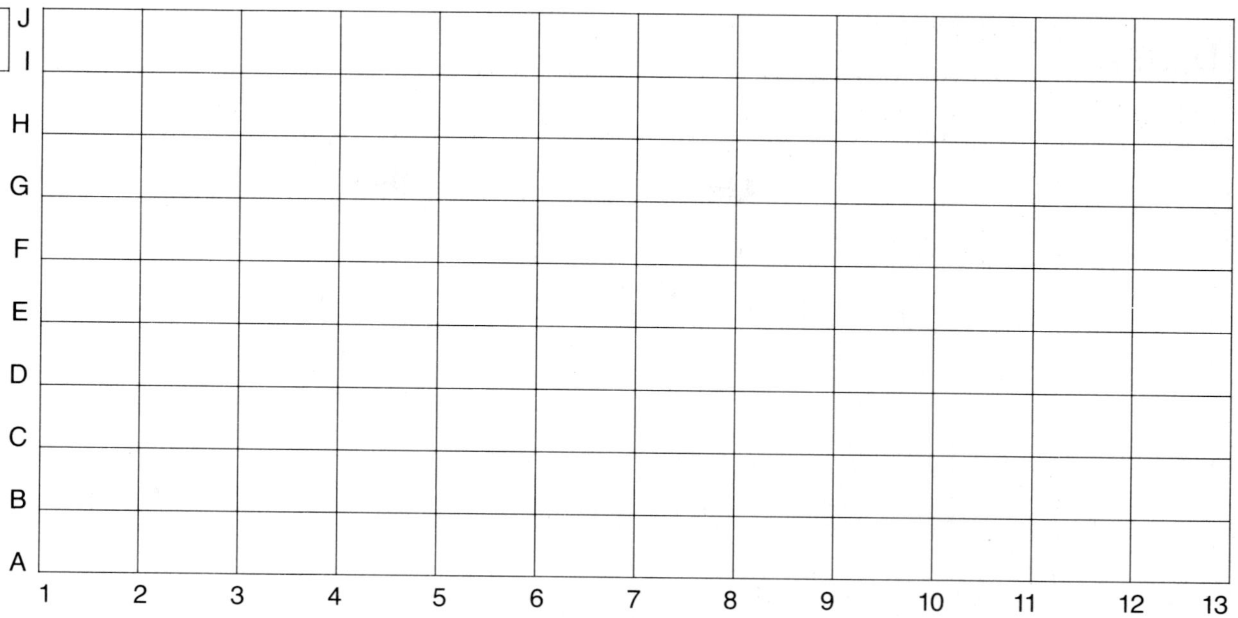

Verbinde die Punkte C 1 — C 3 — A 4 — A 5 — C 6 — C 9 — A 10 — A 11 — C 12 — C 13 — E 13 — F 11 — F 10 — J 9 — J 5 — F 4 — F 1 — C 1 !

Ü 352

Hier wurde immer ein Zeichen aus der oberen waagrechten Reihe mit einem aus der ersten senkrechten Reihe kombiniert. In den Kombinationen stecken aber 6 Fehler. Suche sie!

Ü 353

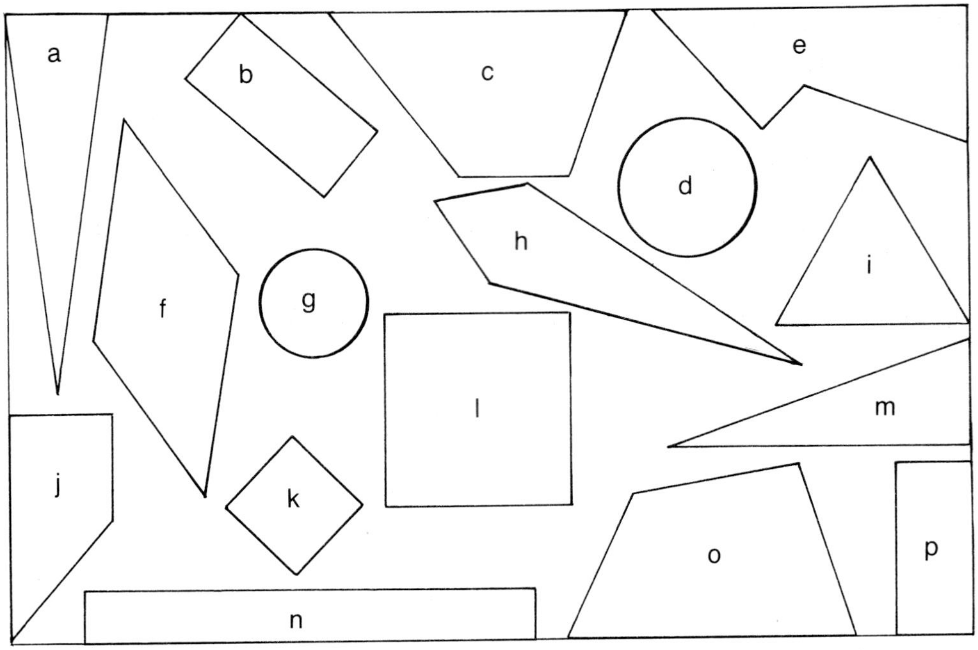

Suche die bestimmten Flächen und trage ihre Buchstabenbezeichnungen unten ein!

Dreiecke: a ______ Vierecke: ______ Fünfecke: ______

Quadrate: ______ Rechtecke: ______ Kreise: ______

Figuren mit mindestens einem rechten Winkel: ______

Figuren mit einem Paar paralleler Seiten: ______

Figuren mit zwei Paar paralleler Seiten: ______

Ü 354

In wie viele Dreiecke kannst du diese Figuren zerlegen? Zeichne die „Schnittlinien" ein!
Sie müssen immer von Eckpunkt zu Eckpunkt führen.

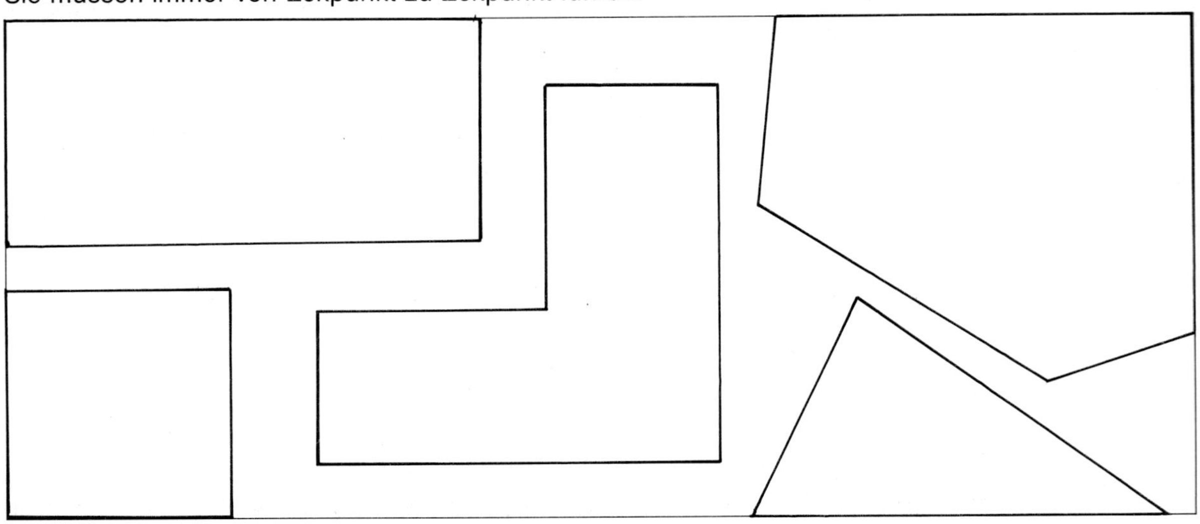

Rechtecke zeichnen

Zeichne dieses Rechteck! l = 6 cm
b = 4 cm

So geht man dabei am besten vor:

1) Eine Gerade zeichnen, dann darauf die Länge abschlagen (in unserem Fall 6 cm):

2) In jedem der Punkte jeweils einen rechten Winkel zeichnen:

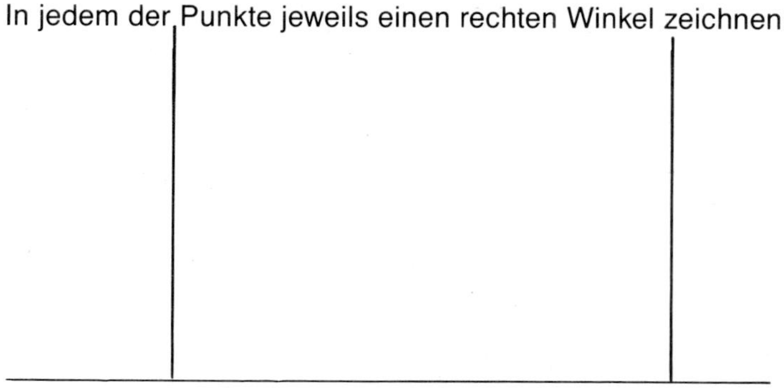

3) Breite (4 cm) abtragen:

4) Die zweite Längsseite zeichnen; kontrolliere, ob sie auch parallel zur ersten Längsseite ist!
Eckpunkte bezeichnen:

5) Rechteck stärker nachziehen, überflüssige Striche wegradieren!

Ü 355

Zeichne diese Rechtecke!

l = 5 cm
b = 2 cm

l = 7 cm 4 mm
b = 3 cm 5 mm

l = 4 cm
b = 5 cm

l = 5 cm 2 mm
b = 5 cm 2 mm

Ü 356

Was wurde hier falsch gemacht?
Kennzeichne die Fehler! Verbessere!

l = 7 cm
b = 2 cm

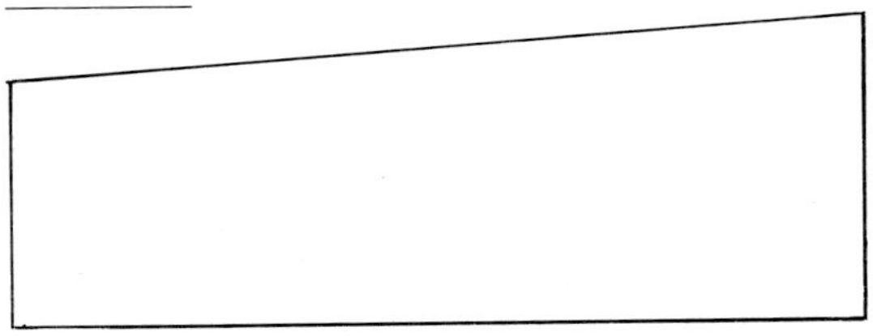

l = 5 cm
b = 5 cm

l = 5 cm
b = 3 cm

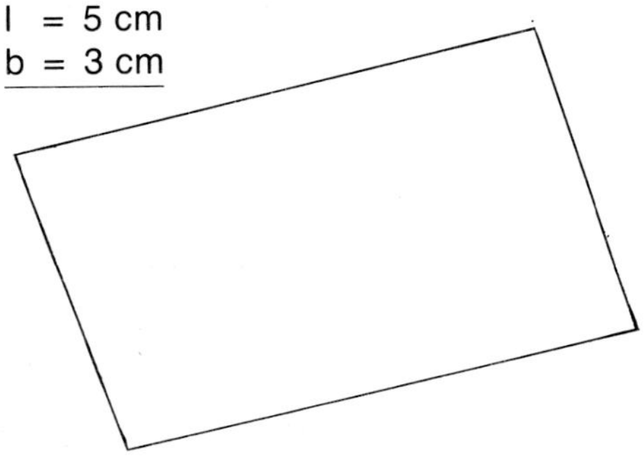

l = 8 cm 3 mm
b = 1 cm 5 mm

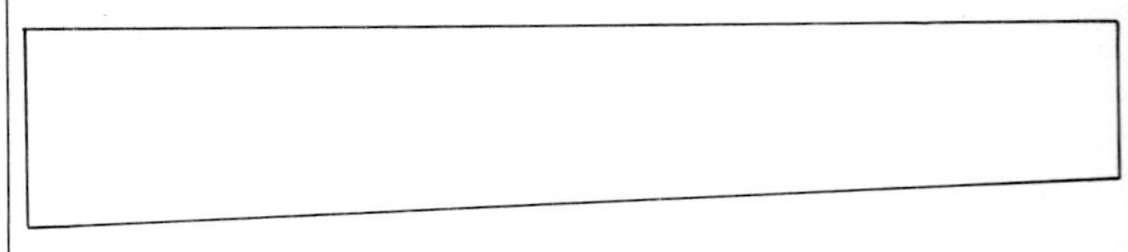

Ü 357

Miß Länge und Breite dieses Rechteckes ab!

l = ____________

b = ____________

Zeichne ein Rechteck mit gleicher Länge, aber halb so großer Breite!
Zeichne ein Rechteck mit halber Länge und doppelter Breite!

Umfang des Rechteckes

Den Umfang des Rechteckes ausmessen!

Ü 358 Wie lang sind diese Linien?

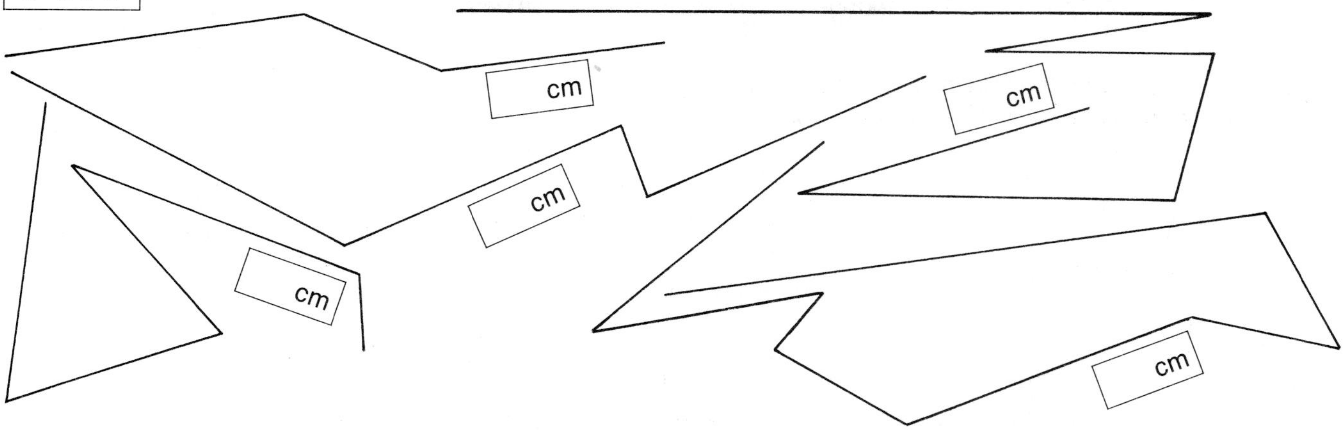

Ü 359 Verbinde die Punkte in der richtigen Reihenfolge!
Wie lang sind die entstehenden Linien?

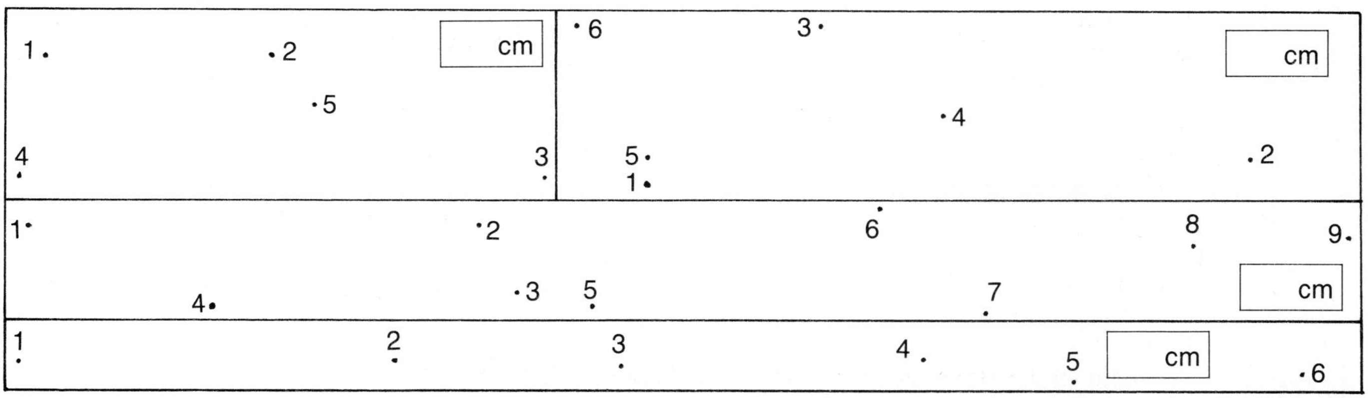

Ü 360 Wie lang sind die Linien? Hier kannst du zählen.

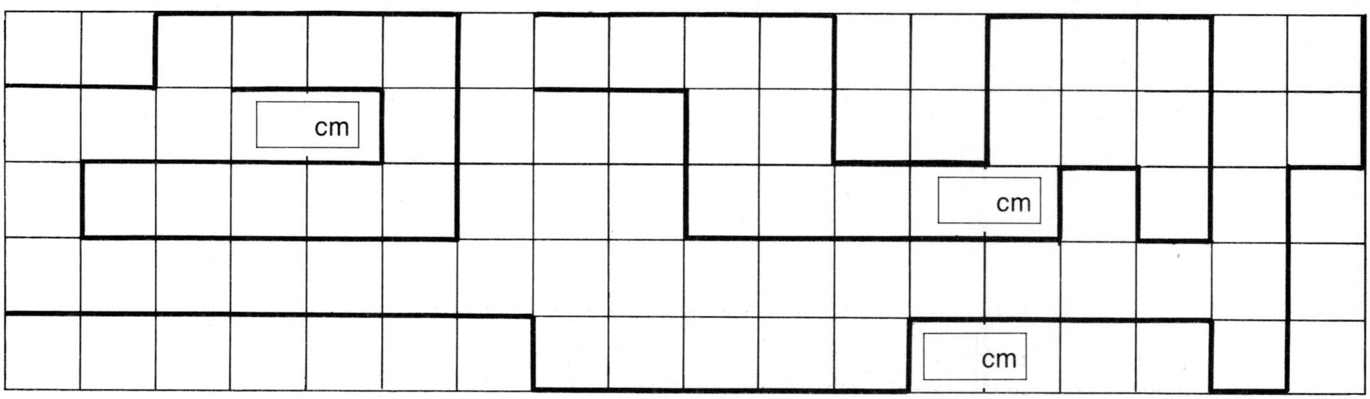

Ü 361 Wie lang ist der Rand dieser Figuren? Miß die Längen der Seiten und addiere sie!

Ü 362 Wie lang ist der Rand dieser Figuren? Hier kannst du zählen!

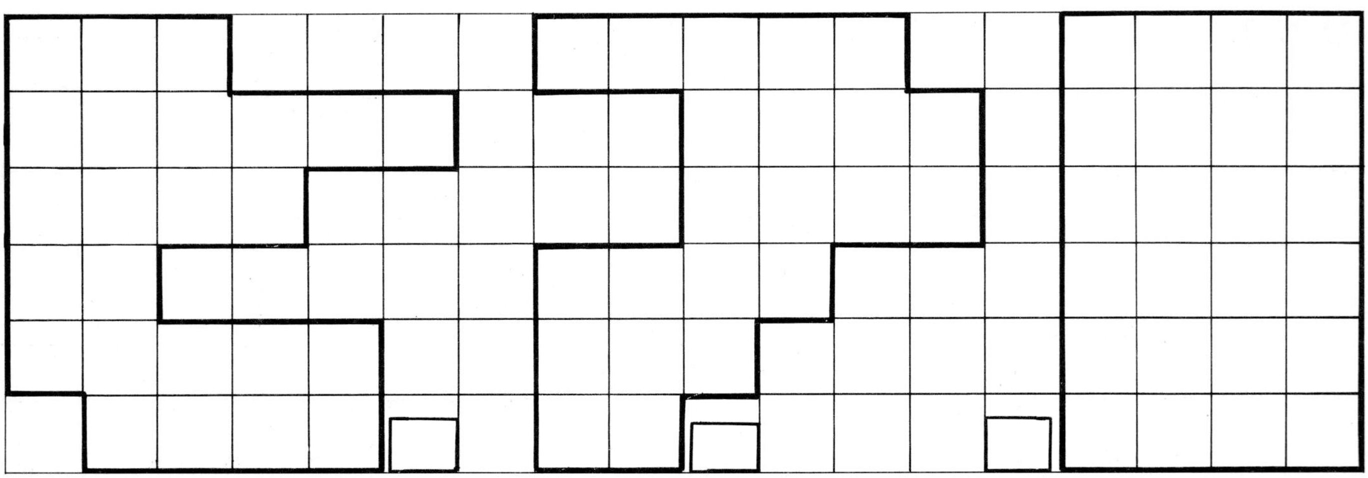

Ü 363 Zeichne die Figuren, bei denen der Rand folgende Länge hat!

20 cm | 24 cm | 26 cm

Ü 364 Übertrage den Rand der Figuren auf eine gerade Linie!
Schreibe die Längen der einzelnen Teilstrecken dazu und berechne die Gesamtlänge!

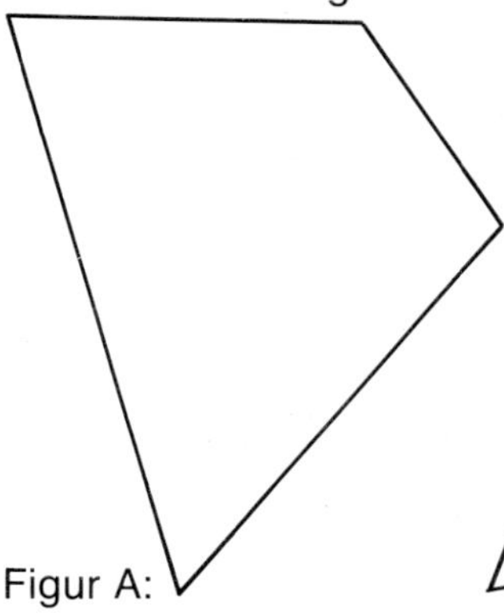

Figur A:

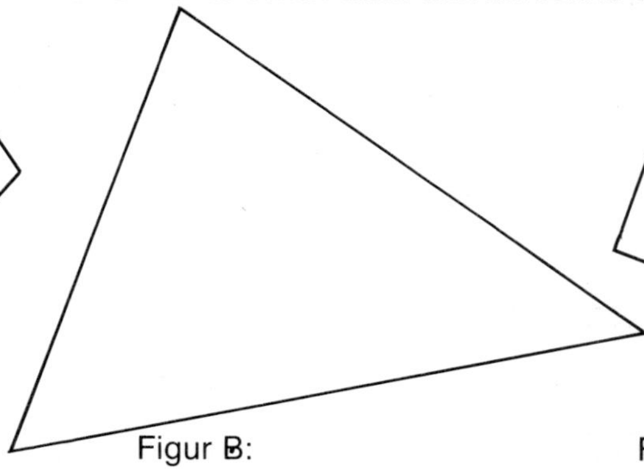

Figur B:

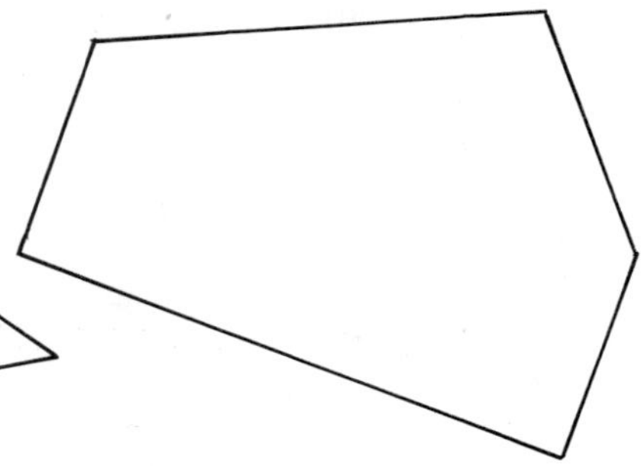

Figur C:

__ + __ + __ + __ = ____ cm

__ + __ + __ + __ = ____ cm

__ + __ + __ + __ + __ = ____ cm

Figur D:

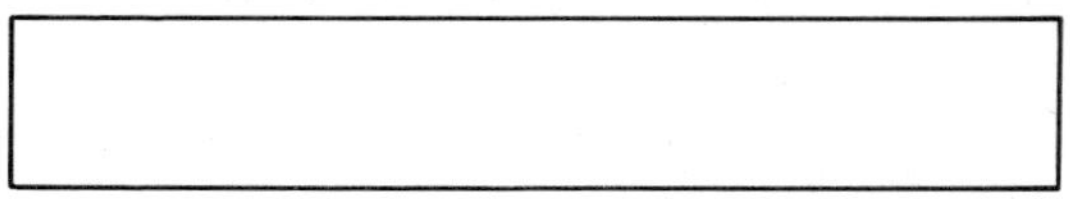

Figur E:

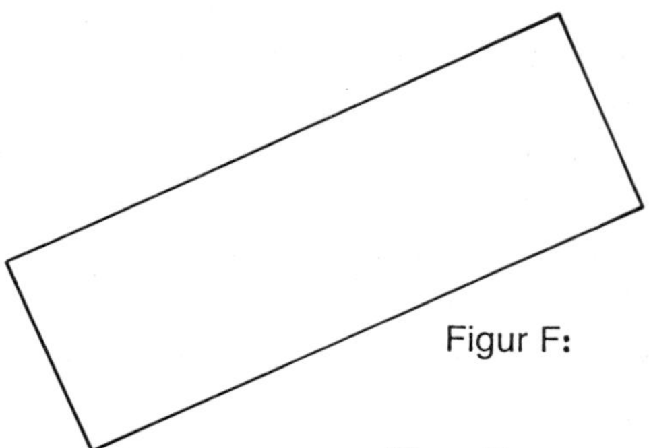

Figur F:

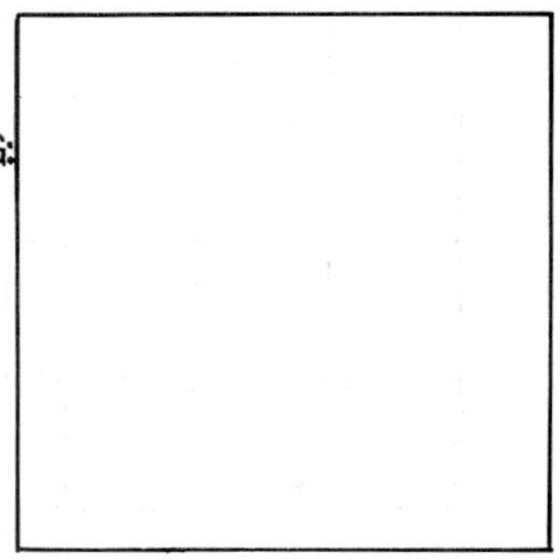

Figur G:

Figur D: ___ + ___ + ___ + ___ = ______ cm

Figur E: ___ + ___ + ___ + ___ = ______ cm

Figur F: ___ + ___ + ___ + ___ = ______ cm

Figur G: ___ + ___ + ___ + ___ = ______ cm

Den Umfang des Rechteckes berechnen

l = 4 cm
b = 3 cm

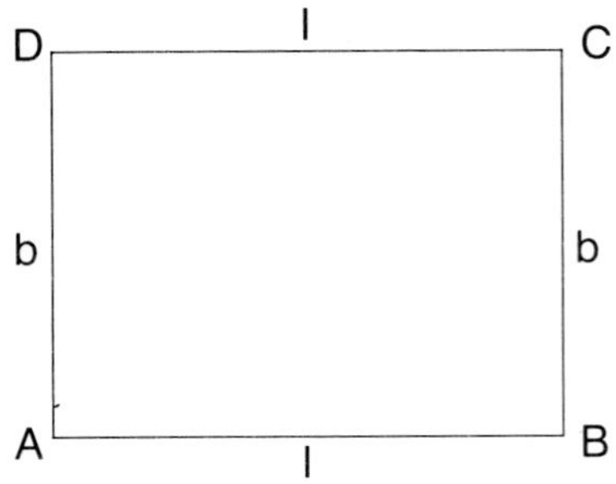

4 cm
3 cm
4 cm
3 cm
14 cm

Die Länge aller Seiten wird addiert.

Die Teilstrecken werden auf eine Linie aufgetragen und ihre Gesamtlänge abgemessen.

Umfang: ______ cm

Die Berechnung des Umfanges (Länge des Randes) kann man auch abkürzen:

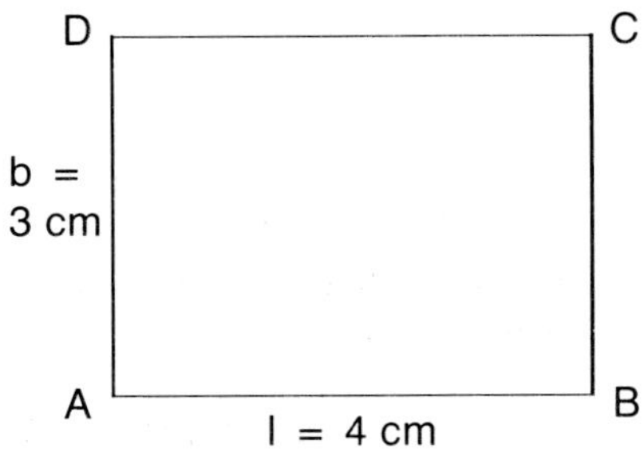

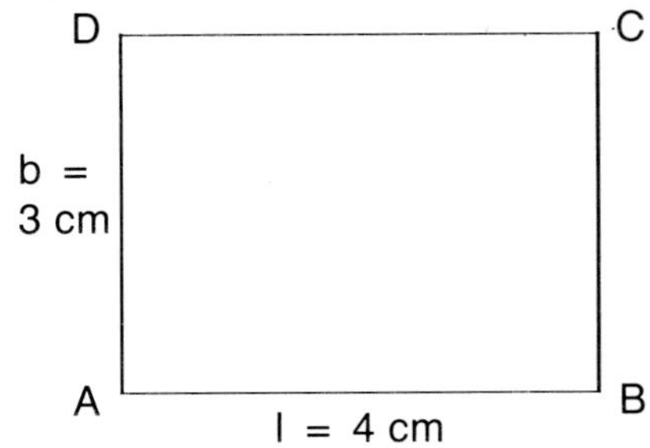

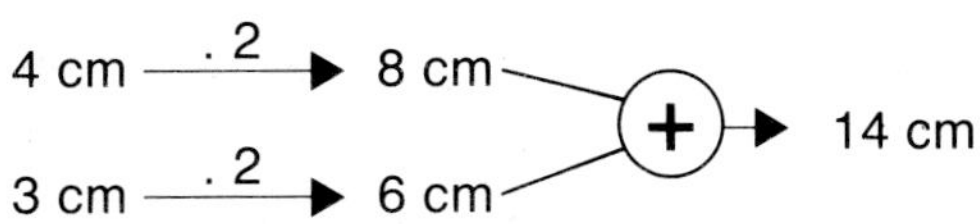

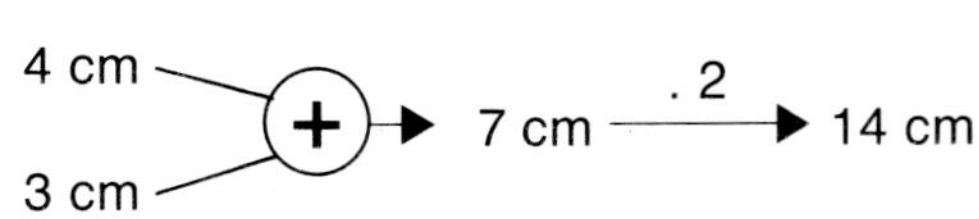

Ü 365 Berechne den Umfang dieser Rechtecke auf die vorgegebenen Arten!

l = 7 cm
b = 2 cm

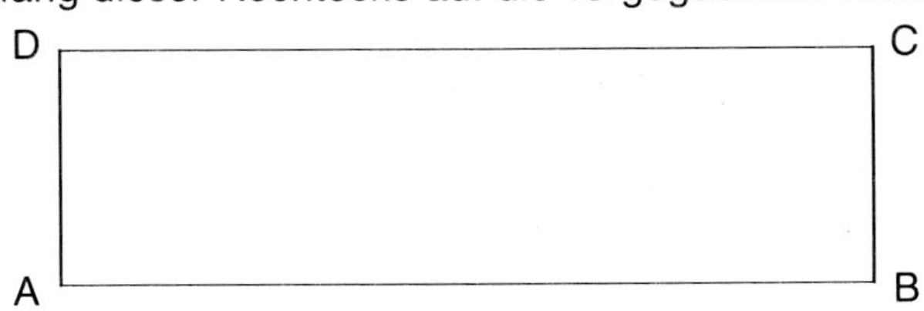

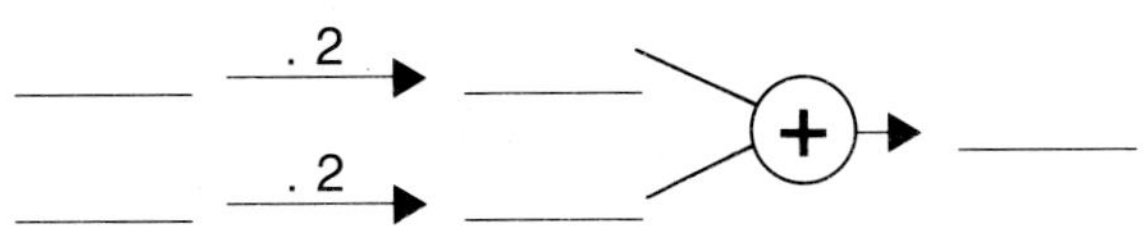

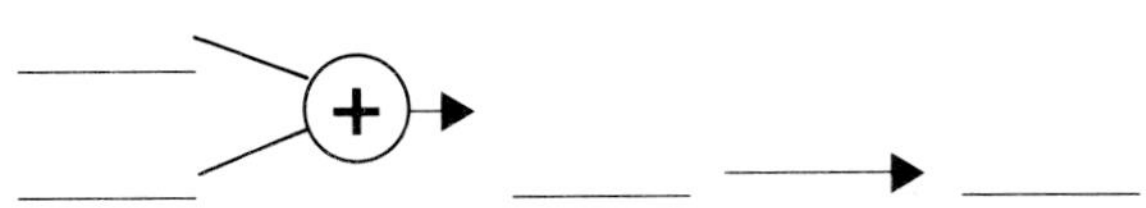

l = 4 cm 5 mm
b = 1 cm 5 mm

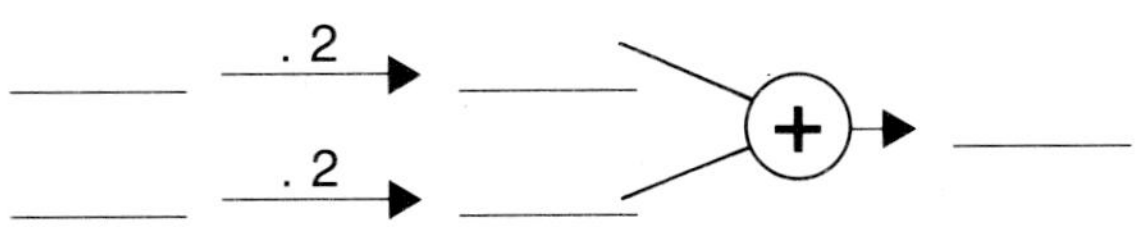

Zeichne diese Rechtecke und berechne ihren Umfang!

Ü 366

l = 8 cm
b = 3 cm

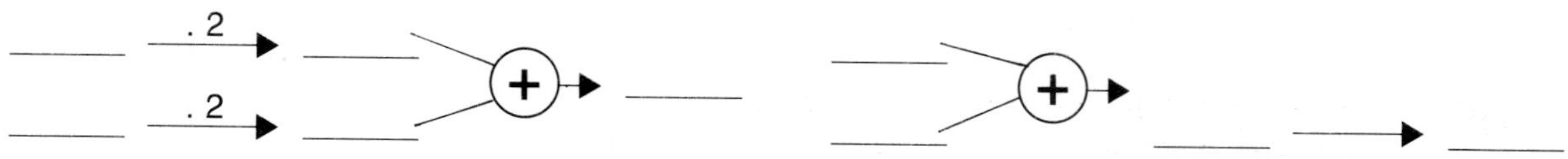

l = 12 cm
b = 3 cm 5 mm

l = 5 cm 7 mm
b = 2 cm 9 mm

l = 8 cm
b = 1 cm 5 mm

Umfang des Quadrates

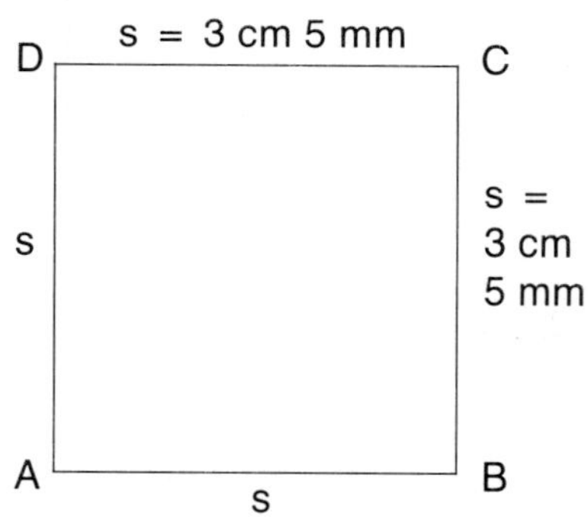

Der Umfang eines Quadrates läßt sich ganz leicht berechnen:

3 cm	5 mm
3 cm	5 mm
3 cm	5 mm
3 cm	5 mm
12 cm	20 mm = 14 cm

3 cm 5 mm —. 4→ ______

35 mm —. 4→ 140 mm =
= 14 cm

Zeichne diese Quadrate und berechne ihren Umfang!

Ü 367

s = 4 cm

s = 5 cm 2 mm

s = 7 cm 3 mm

s = 2 cm 9 mm

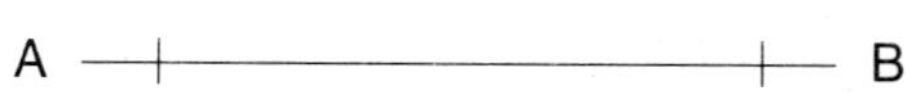

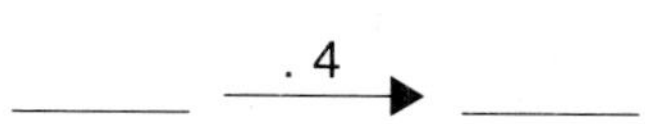

Den Umfang größerer Rechtecke/Quadrate mit Hilfe einer Skizze berechnen.

l = 45 m
b = 27 m

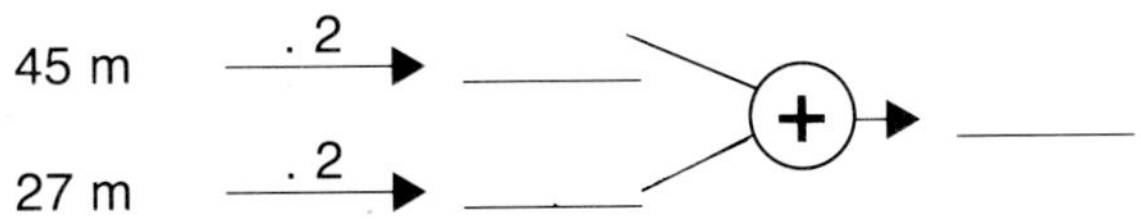

Skizze:

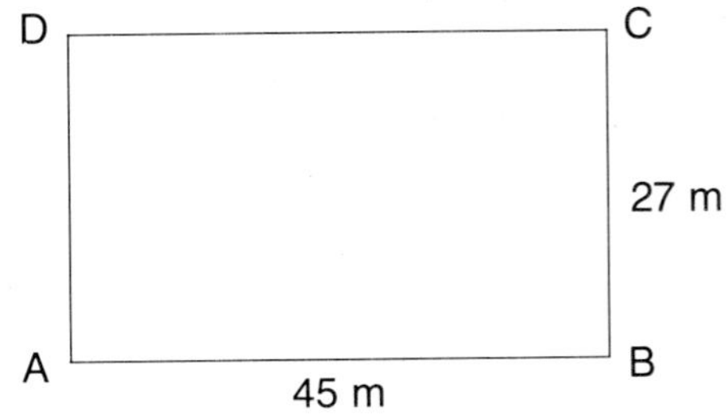

Zeichne eine Skizze und berechne den Umfang!

Ü 368

l = 86 m	l = 137 m	s = 38 m	s = 117 m
b = 19 m	b = 112 m		

Quadratpuzzles

Ü 369 Schneide Quadrate aus Karton mit einer Seitenlänge von 12 cm zu! Übertrage die angegebenen Muster und zerschneide jedes Quadrat! Kannst du die Teile wieder zu Quadraten zusammensetzen?

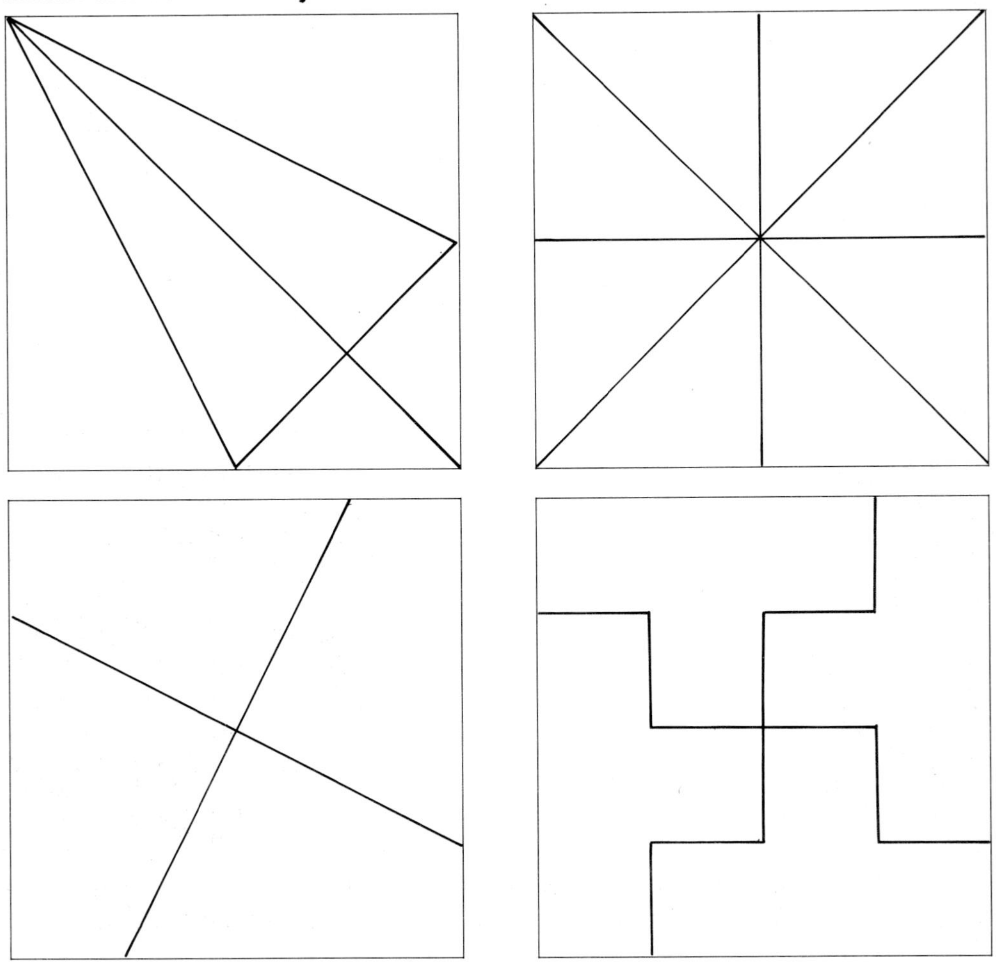

Zeichenspiele

Ü 370 Mit Hilfe eines Quadratgitters kann man Zeichnungen vergrößern oder auch verkleinern!

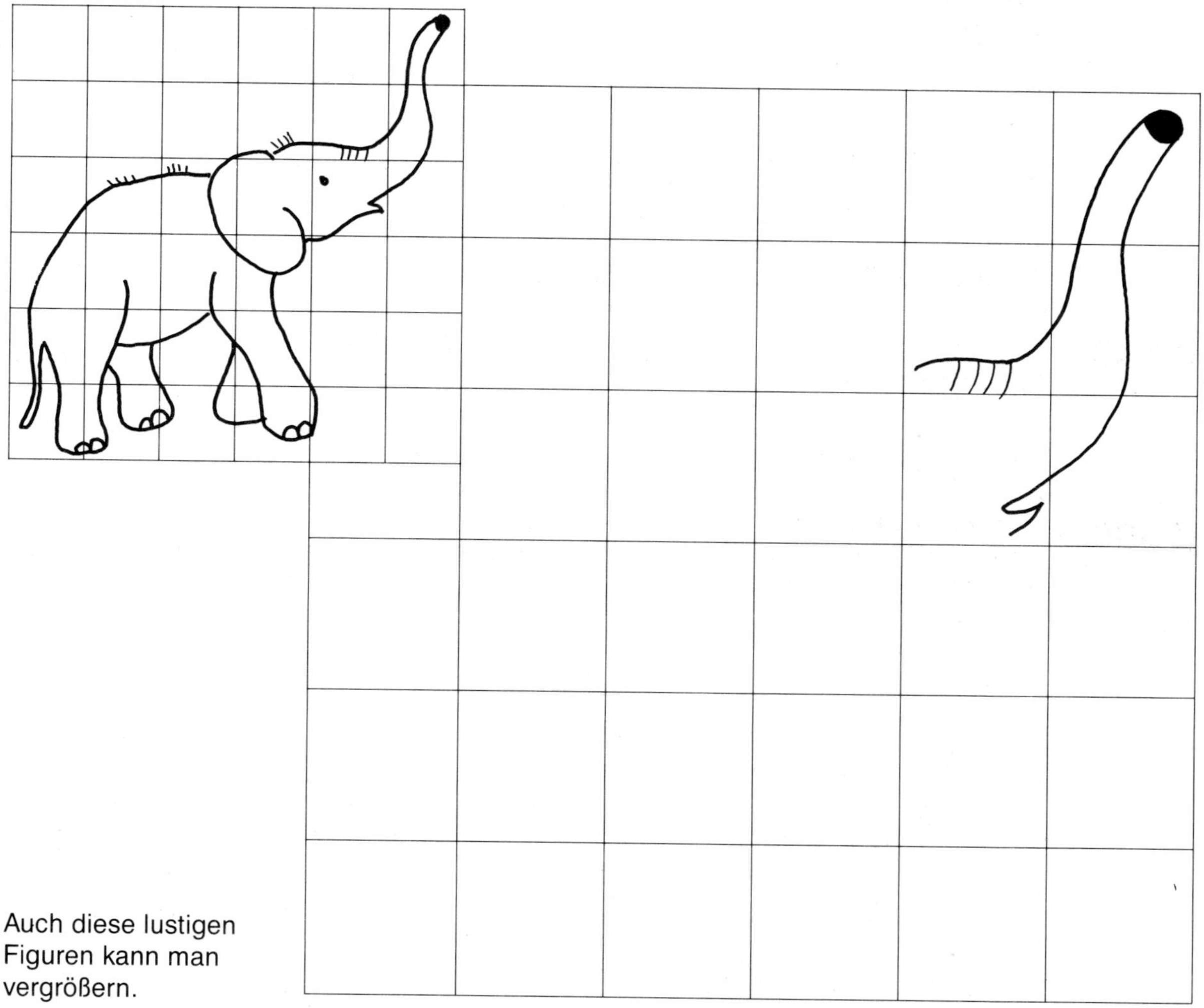

Auch diese lustigen Figuren kann man vergrößern.

Wie groß mußt du diese Quadrate zeichnen, wenn du die Figur auf ein 72 cm/40 cm Plakat zeichnen wolltest?

Zeichne dieses Tier auf ein Quadrat mit 60 cm Seitenlänge! Es darf ein Rand bleiben!

T 13 *Überprüfe dich selbst!*

1. Zeichne dieses Rechteck!

   l = 6 cm 9 mm
   b = 2 cm 5 mm

   ☐ P.(5)

2. Berechne den Umfang dieses Rechteckes:

   l = 8 cm
   b = 4 cm 5 mm

   Pfeilbild:

   U = ____________ ☐ P.(5)

3. Wie groß ist der Umfang eines Quadrates mit 7 cm 6 mm Seitenlänge?

   Pfeilbild:

   U = ____________ ☐ P.(5)

4. Berechne den Umfang dieses großen Rechteckes!

   l = 125 m
   b = 74 m

   Skizze:

   Pfeilbild:

   U = ____________ ☐ P.(5)

Punktesumme ☐ P. (20)
Durchschnittszeit: 15 min

Arbeitszeit: ☐ min

Gewinn: + ☐ P. (2 P./min)

Abzug: — ☐ P. (2 P./min)

Endstand: ☐ P.

Auswertungsschlüssel:

ab 21 P.:	Meisterleistung
ab 16 P.:	Ausgezeichnet
ab 12 P.:	Eine gute Arbeit
ab 9 P.:	Befriedigend (Übe das, was dir noch Schwierigkeiten macht!)
unter 9 P.:	Du mußt noch üben!